化工原理实验及虚拟仿真

李以名　李明海　储明明　等　编著

HUAGONG YUANLI SHIYAN
JI XUNI FANGZHEN

化学工业出版社

·北京·

内容简介

《化工原理实验及虚拟仿真》是根据现有化工及制药类相关专业化工原理实验教学的要求编写而成的。主要内容包括实验误差分析与实验数据处理，化工原理综合实验：雷诺演示实验、伯努利实验、流动阻力测定实验、离心泵特性曲线测定实验、恒压过滤常数测定实验、传热实验、吸收实验、精馏实验、干燥速率曲线测定实验，以及与各实验配套的虚拟仿真实验等内容。

本书结合实物装置以及与之相配套的虚拟仿真软件的操作，可供学生在课外时间进行装置的虚拟操作和练习，有利于学生对化工原理实验内容的深度了解和掌握。本书突出以学生为中心的教学模式，加强并进一步完善实践教学体系，可以解决任何时间、任何地点、身临其境的实验学习和操作。

本书可作为高等院校本科、专科化工及其相关专业的化工原理实验教材，也可供化学工程、制药工程、环境工程、食品工程和生物化工等专业的工程技术人员参考。

图书在版编目（CIP）数据

化工原理实验及虚拟仿真/李以名等编著．—北京：化学工业出版社，2021．10（2024．9 重印）

ISBN 978-7-122-39716-4

Ⅰ．①化… Ⅱ．①李… Ⅲ．①化工原理-实验-高等学校-教材 Ⅳ．①TQ02-33

中国版本图书馆 CIP 数据核字（2021）第 161801 号

责任编辑：卢萌萌　陆雄鹰　　　文字编辑：王云霞

责任校对：张雨彤　　　装帧设计：王晓宇

出版发行：化学工业出版社（北京市东城区青年湖南街 13 号　邮政编码 100011）

印　　装：北京科印技术咨询服务有限公司数码印刷分部

710mm×1000mm　1/16　印张 8½　字数 138 千字　　2024 年 9 月北京第 1 版第 8 次印刷

购书咨询：010-64518888　　　售后服务：010-64518899

网　　址：http://www.cip.com.cn

凡购买本书，如有缺损质量问题，本社销售中心负责调换。

定　　价：36.00 元

版权所有　违者必究

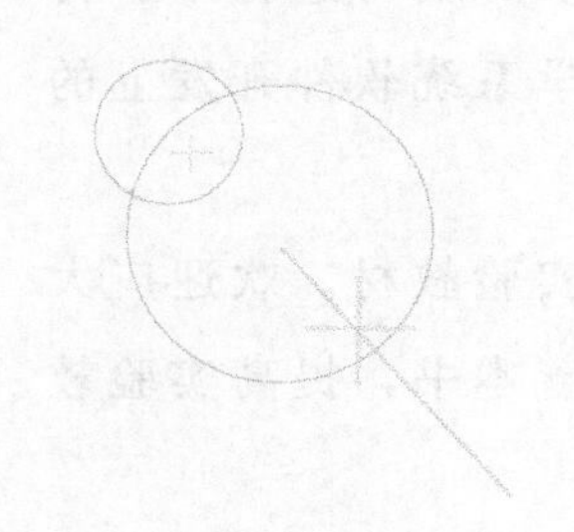

前言

PREFACE

化工原理实验作为高等学校化工类专业及其相关专业重要的专业基础课，是深入学习化工过程及设备原理，将过程原理联系工程实际，掌握化工单元操作研究方法的重要课程，是培养学生工程观念、创新意识和能力的一门重要实践课程。随着现代社会的迅速发展，以计算机技术为基础的虚拟仿真实验已经成为高校实验教学发展的一个新趋势。在化工原理实验课程中引入虚拟仿真实验，通过把先进的虚拟仿真技术与传统的化工原理实验有机结合在一起，能显著提高教学效率与效果，为社会培养更多具有创新精神的高素质应用型人才。

本书作为实验教材，主要介绍了实验误差分析与实验数据处理、化工原理实验操作和化工原理虚拟仿真实验。实验误差分析与实验数据处理主要包括误差的基本概念、误差的表示方法、实验数据的有效数字和计数法、平均值、实验数据处理基本方法。化工原理实验主要包括雷诺演示实验、伯努利实验、流动阻力测定实验、离心泵特性曲线测定实验、恒压过滤常数测定实验、传热实验、吸收实验、精馏实验和干燥速率曲线测定实验。化工原理虚拟仿真实验主要包括登录、启动和软件界面介绍，单泵特性曲线测定虚拟仿真实验，恒压过滤常数测定虚拟仿真实验，流体流动阻力测定虚拟仿真实验，干燥速率曲线测定虚拟仿真实验，液-液萃取虚拟仿真实验，精馏虚拟仿真实验，对流给热系数测定虚拟仿真实验和填料吸收塔吸收虚拟仿真实验。

本书由李以名、李明海、储明明等编著，参加书稿编写的还有陈树大、刘丹、卢蕾、蒲江龙、王娟等。在本书的编写过程中，得到了南京运立仪器有限公司在化工原理实验教学系统软件开发上的大力支持。

本书主要作为高等学校化工及相关专业的实验教材。欢迎广大师生和读者多提宝贵意见，以便我们更好地完善本书，提高实验教学水平。

编著者

目录
CONTENTS

第一章

实验误差分析与实验数据处理

- 误差的基本概念
- 误差的表示方法
- 实验数据的有效数字与计数法
- 平均值
- 实验数据处理基本方法

第一节 误差的基本概念

由于实验方法和实验设备的不完善，周围环境的影响以及人为的观察因素和检测技术及仪表的局限，在所测物理量的真实值与实验观测值之间，总是存在一定的差异，在数值上表现为误差。

实验数据误差分析并不是对既成事实的消极处理措施，而是给研究人员提供参与科学实验的积极武器。通过误差分析，可以认清误差的来源及影响，有可能预先确定导致实验总误差的最大组成因素，并设法排除数据中所包含的无效成分，进一步改进实验方案。实验误差分析也提醒我们注意主要误差来源，精心操作，使研究的准确度得以提高。

一、实验误差的来源、分类及判别

实验误差从总体上讲有实验装置（包括标准器具、仪器仪表、附件等）误差、环境误差、方法误差、人员误差和测量对象变化误差五类。

1. 实验装置误差

测量装置是标准器具、仪器仪表和辅助设备的总称。实验装置误差是指由测量装置产生的测量误差。它来源于：

(1) 标准器具误差

标准器具是指用以复现量值的计量器具。由于加工的限制，标准器具复现的量值单位是有误差的。例如，标准刻线米尺的 0 刻线和 1000mm 刻线之间的实际长度与 1000mm 单位是有差异的。又如，标称值为 1kg 的砝码的实际质量（真值）并不等于 1kg，等等。

(2) 仪器仪表误差

仪器或仪表可将所测量的数值直接地表示出来。例如，温度计、电流表、压力表、干涉仪、天平等。

仪器仪表在加工、装配和调试中，不可避免地存在误差，使得仪器仪表的指示值不等于被测量的真值，造成测量误差。例如，天平的两臂不可能加工、调整到绝对相等，称量时，按天平工作原理，天平平衡被认为两边的质量相等。但是，由于天平的不等臂，虽然天平达到平衡，但两边的质量并不相等，即造成测量误差。

(3) 附件误差

为测量创造必要条件或使测量方便地进行而采用的各种辅助设备或附件，均属测量附件。如电测量中的转换开关及移动测点、电源、热源和连接导线等均为测量附件，且均产生测量误差。又如，热工计量用的水槽，作为温度测量附件，提供测量水银温度计所需要的温场，水槽内各处温度的不均匀易引起测量误差，等等。

按照装置误差具体形成原因，可分为结构性的装置误差、调整性的装置误差和变化性的装置误差。结构性的装置误差如天平的不等臂、线纹尺刻线不均匀、量块工作面的不平行性、光学零件的光学性能缺陷等。这些误差大部分是由制造工艺不完善和长期使用磨损引起的。调整性的装置误差如投影仪物镜放大倍数调整不准确、水平仪的零位调整不准确、千分尺的零位调整不准确等。这些误差是由仪器仪表在使用时，未调整到理想状态引起的。变化性的装置误差如激光波长的长期不稳定性、电阻等元器件的老化、晶体振荡器频率的长期漂移等。这些误差是由仪器仪表随时间的不稳定性和随空间位置变化的不均匀性造成的。

2. 环境误差

环境误差指测量中由各种环境因素造成的测量误差。被测量在不同的环境中测量，其结果是不同的。这一客观事实说明，环境对测量是有影响的，是测量的误差来源之一。环境造成测量误差的主要原因是测量装置，包括标准器具、仪器仪表、测量附件同被测对象随着环境的变化而变化。测量环境除了偏离标准环境产生测量误差以外，还会引起测量环境微观变化而产生测量误差。

3. 方法误差

方法误差系指由测量方法（包括计算过程）不完善而引起的误差。事实上，不存在不产生测量误差的尽善尽美的测量方法。由测量方法引起的测量误差主要有下列两种情况。

第一种情况：由测量人员的知识不足或研究不充分以致操作不合理，或对测量方法、测量程序进行错误的简化等引起的方法误差。

第二种情况：分析处理数据时引起的方法误差。例如，轴截面的周长可以通过测量轴的直径 d，然后由公式 $L=\pi d$ 计算得到。但是，在计算中

π只能取其近似值，因此，计算所得的 L 也只能是近似值，从而引起周长 L 的误差。

4. 人员误差

人员误差系指由测量人员生理机能的限制、固有习惯性偏差以及疏忽等原因造成的测量误差。测量人员在长时间的测量中，因疲劳或疏忽大意发生读错、听错、记错等错误造成测量误差，这类误差往往相当大，是测量所不容许的。为此，要求测量人员养成严格而谨慎的习惯，在测量中认真操作并集中精力。从制度上规定，对某些准确性要求较高而又重要的测量，需由另一名测量人员进行复核测量。

5. 测量对象变化误差

测量对象在整个测量过程中处在不断地变化中。由于测量对象自身的变化而引起的测量误差称为测量对象变化误差。例如，被测温度计的温度、被测线纹尺的长度、被测量块的尺寸等，在测量过程中均处于不停地变化中，它们的变化使测量不准而带来误差。

二、实验误差的分类

误差是实验测量值（包括间接测量值）与真值之间的差异，根据误差的数理统计性质和产生的原因不同，可将其分为三类。

1. 系统误差

系统误差是指在实验测定过程中由于仪器不良、环境改变等系统因素产生的误差。其特点是在相同条件下，观测值总往一个方向偏差；误差的大小与正负号在多次重复观测中几乎可以相互抵消。通过对测量仪器的校正或对环境条件影响的修正，可以将系统误差消除。

2. 随机误差

随机误差是由一些不易控制的偶然因素所造成的误差，例如观测对象的波动、肉眼观测不是特别准确等。随机误差在实验观测过程中是必然产生的，无法消除。但是，随机误差具有统计规律性，各种大小误差的出现有着确定的概率。其判别方法是：在相同条件下，观测值变化无常，但误差的绝对值不会超过一定界限；绝对值小的误差比绝对值大的误差出现的次数要多，近于零的误差出现的次数最多，正、负误差出现的次数几乎相等，误差的算术平均值随观测次数的增加而趋于零。

3. 过失误差

过失误差是一种显然与事实不符的误差，它主要是由实验人员粗心大意，如读错数据、记录错误或操作失误所致。这类数据往往与真实值相差很大，应在整理数据时予以剔除。

第二节 误差的表示方法

一、离差 v_i

若观测变量的真值以 n 次观测数据的算术平均值 $\bar{x}$ 来近似处理，则其中某数据 x_i 的离差 v_i 用下式表示：

$$v_i = x_i - \bar{x} \tag{1-1}$$

式中，v_i 为某数据 x_i 的离差；x_i 为某数据的观测值；$\bar{x}$ 为 n 次观测数据的算术平均值。

二、算术平均误差 η

算术平均误差 η 简称平均误差，是离差绝对值的算术平均值。可用下式表示：

$$\eta = \frac{1}{n}\sum_{i=1}^{n} |v_i| = \frac{1}{n}\sum_{i=1}^{n} |x_i - \bar{x}| \tag{1-2}$$

用算术平均误差来表示实验观测数据的准确度，优点是计算简单，缺点是无法表示各组观测数据之间彼此符合的情况。例如，一组观测值中的偏差彼此接近，而另一组观测值的偏差中有大、中、小三种，但这两组数据的平均误差可能相同。因此，只有当 n 较大时，才能比较可靠地用平均误差来表示观测数据的准确性。

三、相对误差 d_i

为了便于不同组次数据之间的比较，可用相对误差 d_i 来表示观测数据的准确程度：

$$d_i=\frac{v_i}{\bar{x}}\times100\%=\frac{x_i-\bar{x}}{\bar{x}}\times100\% \tag{1-3}$$

四、仪器或仪表的测量误差

仪器或仪表的测量误差可用示值误差和最大静态测量误差来表示。

示值误差：对于指针式或标尺式的测量仪表，研究人员可用肉眼观测至仪表最小分度的1/5数值。因此，一般以仪表最小分度的1/5或1/10数值作为示值误差。

最大静态测量误差：仪表的最大静态测量误差以仪表精度与量程范围的乘积来表示。

仪表的精度是指在规定的正常情况下，仪表在量程范围内的最大测量相对误差。例如，某测量仪表的精度为0.5级，则该仪表的最大测量相对误差为仪表量程的±0.5%。

第三节 实验数据的有效数字与计数法

一、有效数字

在实验中，无论是直接测量的数据还是计算结果，总是以一定位数的数字来表示。实验数据的有效位数是由测量仪表的精度来决定的。一般，实验数据应记录到测量仪表最小分度的十分之一位。例如，液面计标尺的最小分度为1mm，则最小读数可以到0.1mm。如果测定液位高度在318mm与319mm的中间，则应记液位高度为318.5mm。其中，前三位数字是直接从标尺上读出的，是准确的，最后一位是估计的，称为可疑数字。这样，数字318.5就有4位有效数字。如果液位恰在318mm分度上，则该数据应记作318.0mm，若记为318mm则失去一位有效数字，从而降低了数据的精度。总之，有效实验数据的末尾只能有一位可疑数字。

二、科学计数法

在科学研究中，为了清楚简要地表述数据的精度，通常将有效数字写出并在第1位数后加小数点，而数值的数量级由10的整数幂来表示，这种以10的整数幂来计数的方法称为科学计数法。例如，0.0088 应记为 8.8×10^{-3}，56000 应记为 5.6×10^{4}。在科学计数法中，在 10 的整数幂之前的数字应全部为有效数字。

三、有效数字的运算

1. 加法和减法运算

有效数字相加或相减，其和或差的位数应与其中位数最少的有效数字相同。例如，在传热实验中，测得水的进、出口温度分别为 25.4℃和 55.57℃，为了确定水的定性温度，须计算两温度之和：

$$25.4+55.57=80.97\approx81.0(℃)$$

由该例可看出，由于计算结果有两位可疑数字，而按照有效数字的定义只能保留一位可疑数字，第二位可疑数字应按四舍五入法舍弃。

2. 乘法和除法运算

有效数字的乘积或商，其位数应与各乘、除数中位数最少的相同。

3. 乘方和开方运算

乘方或开方后的有效数字位数应与其底数位数相同。

4. 对数运算

对数的有效数字位数应与真数相同。

第四节 平均值

为了由观测数据来近似得到真值，一般采用平均值的方法。常用的平均值有如下几种。

1. 算术平均值 $\bar{x}$

设 $x_1,x_2,\cdots,x_n$ 是实验中对于某物理变量的一组观测数据，定义算术平均

值 $\bar{x}$ 为：

$$\bar{x}=\frac{1}{n}(x_1+x_2+\cdots+x_n)=\frac{1}{n}\sum_{i=1}^{n}x_i \tag{1-4}$$

算术平均值是最常用的一种平均值，它是在最小二乘意义下真值的最佳近似。

2. 加权平均值 $\bar{x}_w$

对于同一物理变量采用不同方法或在不同条件下观测得到的一组数据，常常根据不同数据的可靠程度给予不同的“权重”而得到加权平均值 $\bar{x}_w$。

$$\bar{x}_w=\frac{w_1x_1+w_2x_2+\cdots+w_nx_n}{w_1+w_2+\cdots+w_n}=\sum_{i=1}^{n}w_ix_i/\sum_{i=1}^{n}w_i \tag{1-5}$$

式中，w_i 为相应于 x_i 的加权因子，w_i 的数值一般多根据经验给出。

3. 几何平均值 $\bar{x}_q$

当一组观测值 x_i（$i=1,2,\cdots,n$）取对数后所得图形的分布曲线更为对称时，常采用几何平均值：

$$\bar{x}_q=\sqrt[n]{x_1x_2\cdots x_n} \tag{1-6}$$

或

$$\lg\bar{x}_q=\frac{1}{n}\sum_{i=1}^{n}\lg x_i \tag{1-7}$$

4. 对数平均值 $\bar{x}_m$

$$\bar{x}_m=\frac{x_1-x_2}{\ln(x_1/x_2)} \tag{1-8}$$

5. 中位值

将观测值按大小顺序排列后，处在中间位置的值即为中位值，当 n 为偶数时，取中间两数据的算术平均值作为中位值。

对于上述诸多平均值，都是想从一组观测数据中找到最接近真值的那个数值。平均值的选择主要取决于观测数据的分布类型。化工实验中的大多数物理变量均服从正态分布，因此，以算术平均值应用最多。

第五节 实验数据处理基本方法

实验数据处理是整个实验研究过程中的一个重要环节，其目的是将实验中获得的大量数据经去伪存真、去粗取精后，再进一步计算处理，最终整理得出各变量之间的定量或定性关系。实际上，对于一个考虑周密、设计完善的实验研究方案，数据处理绝不仅是实验结束后的一个工作步骤，而是贯穿于整个实验研究过程的始终，如实验变量的确定、实验范围的选择、实验点的布置、变量关系的表达方式等，都伴有大量的数据处理工作。此外，数据处理方法的选择也是相当重要的，它直接影响实验工作量的大小和实验结果的质量。因此，在实验研究过程中应充分重视数据处理工作。

一、实验数据的列表法

对一个物理量进行多次测量或研究几个量之间的关系时，往往借助于列表法把实验数据列成表格。其优点是，使大量数据表达清晰醒目，条理化，易于检查数据和发现问题，避免差错，同时有助于反映出物理量之间的对应关系。所以，设计一个简明醒目、合理美观的数据表格，是每一个同学都要掌握的基本技能。

列表没有统一的格式，但所设计的表格要能充分反映上述优点，应注意以下几点：

① 各栏目均应注明所记录的物理量的名称（符号）和单位；

② 栏目的顺序应充分注意数据间的联系和计算顺序，力求简明、齐全、有条理；

③ 表中的原始测量数据应正确反映有效数字，数据不应随便涂改，确实要修改数据时，应将原来数据画一条杠以备随时查验；

④ 对于函数关系的数据表格，应按自变量由小到大或由大到小的顺序排列，以便于判断和处理。

二、实验数据的图示法

图示法是将离散的实验数据或计算结果标绘在坐标纸上，用光滑连接的方法将各数据点用直线或曲线连接起来，从而直观地反映出因变量和自变量之间的关系。如图中有多条曲线，请用不同图标加以区分与加注，再根据图中曲线的形状，分析和判断变量间函数关系的极值点、转折点、变化率及其他特性，还可对不同条件下的实验结果进行直接比较。图解法处理数据，首先要画出合乎规范的图线，其要点如下：

1. 坐标纸的选择

在化工研究过程中经常使用的坐标系有直角坐标系、对数坐标系和半对数坐标系，市场上文化用品商店中有相应的坐标纸出售。

坐标纸的选择一般是根据变量数据的关系或预测的变量函数形式来确定，其原则是尽量使变量数据的函数关系接近直线。这样，可使得数据处理工作相对容易。

① 直线关系。变量间的函数关系形如 $y=a+bx$，选用直角坐标纸。

② 指数函数关系。形如 $y=a^{bx}$，选用半对数坐标纸，因 $\lg y$ 与 x 呈直线关系。

③ 幂函数关系。形如 $y=ax^{b}$，选用对数坐标纸，因 $\lg y$ 与 $\lg x$ 呈直线关系。

另外，若自变量和因变量两者均在较大的数量级范围内变化，亦可采用对数坐标；其中若任何一变量的变化范围较另一变量的变化范围大一些数量级，则宜选用半对数坐标纸。

2. 曲线改直

由于直线最易描绘，且直线方程的两个参数（斜率和截距）也较易算得，所以对于两个变量之间的函数关系是非线性的情形，在用图解法时应尽可能通过变量代换将非线性的函数曲线转变为线性函数的直线。下面为几种常用的变换方法。

① $xy=c$（c 为常数）。令 $z=\dfrac{1}{x}$，则 $y=cz$，即 y 与 z 为线性关系。

② $x=c\sqrt{y}$（c 为常数）。令 $z=x^{2}$，则 $y=\dfrac{1}{c^{2}}z$，即 y 与 z 为线性关系。

③ $y=ax^{b}$（a 和 b 为常数）。等式两边取对数得，$\ln y=\ln a+b\ln x$。于是，$\ln y$ 与 $\ln x$ 为线性关系，b 为斜率，$\ln a$ 为截距。

④ $y=a\mathrm{e}^{bx}$（a 和 b 为常数）。等式两边取自然对数得，$\ln y=\ln a+bx$。于是，$\ln y$ 与 x 为线性关系，b 为斜率，$\ln a$ 为截距。

3. 确定坐标比例与标度

合理选择坐标比例是图示法的关键所在。作图时通常以自变量作横坐标（x 轴），因变量作纵坐标（y 轴）。坐标轴确定后，用粗实线在坐标纸上描出坐标轴，并注明坐标轴所代表物理量的符号和单位。

坐标比例是指坐标轴上单位长度（通常为 1cm）所代表的物理量大小。坐标比例的选取应注意以下几点：

① 原则上做到数据中的可靠数字在图上应是可靠的，即坐标轴上的最小分度（1mm）对应于实验数据的最后一位准确数字。坐标比例选得过大会损害数据的准确度。

② 坐标比例的选取应以便于读数为原则，常用的比例为“1∶1”“1∶2”“1∶5”（包括“1∶0.1”“1∶10”……），即每厘米代表“1、2、5”倍率单位的物理量。切勿采用复杂的比例关系，如“1∶3”“1∶7”“1∶9”等。这样不但不易绘图，而且读数困难。

坐标比例确定后，应对坐标轴进行标度，即在坐标轴上均匀地（一般每隔 2cm）标出所代表物理量的整齐数值，标记所用的有效数字位数应与实验数据的有效数字位数相同。标度不一定从零开始，一般用小于实验数据最小值的某一数作为坐标轴的起始点，用大于实验数据最大值的某一数作为终点，这样图纸可以被充分利用。

4. 数据点的标出

实验数据点在图纸上用“+”符号标出，符号的交叉点正是数据点的位置。若在同一张图上作几条实验曲线，各条曲线的实验数据点应该用不同符号（如×、○等）标出，以示区别。

5. 曲线的标绘

标绘实验曲线需要有足够的实验数据点，绘制的曲线一般应该光滑圆润，如果存在转折点，在转折点附近要有较多的实验点。由于实验数据存在误差，标绘的曲线不一定通过每一个实验点，但实验点必须均匀地分布于曲线两侧。

为了得到较满意的曲线，在标绘时应先由肉眼观察，初步确定曲线的趋势，并用铅笔轻轻勾绘粗略的曲线，最后经适当修正后，用曲线板画出最后形状的光滑曲线。

6. 注解与说明

在图纸上要写明图线的名称、坐标比例及必要的说明（主要指实验条件），并在恰当地方注明实验人姓名、实验日期等。

7. 直线图解法求待定常数

直线图解法首先是求出斜率和截距，进而得出完整的线性方程。其步骤如下：

(1) 选点

在直线上紧靠实验数据两个端点内侧取两点 $A(x_1, y_1)$、$B(x_2, y_2)$，并用不同于实验数据的符号标明，在符号旁边注明其坐标值（注意有效数字）。若选取的两点距离较近，计算斜率时会减少有效数字的位数。这两点既不能在实验数据范围以外取点，因为它已无实验根据，也不能直接使用原始测量数据点计算斜率。

(2) 求斜率

设直线方程为 $y=a+bx$，则斜率为：

$$b=\frac{y_2-y_1}{x_2-x_1} \tag{1-9}$$

(3) 求截距

截距的计算公式为：

$$a=y_1-bx_1 \tag{1-10}$$

三、实验数据的逐差法

当两个变量之间存在线性关系，且自变量为等差级数变化的情况下，用逐差法处理数据，既能充分利用实验数据，又具有减小误差的效果。具体做法是将测量得到的偶数组数据分成前后两组，将对应项分别相减，然后再求平均值。

例如，在弹性限度内，弹簧的伸长量 x 与所受的载荷（拉力）F 满足线性关系：

$$F=kx$$

实验时等差地改变载荷，测得一组实验数据如表 1-1 所示，求每增加 1kg

砝码弹簧的平均伸长量 Δx。

表 1-1　等差改变载荷时的实验数据记录表

砝码质量/kg	1.000	2.000	3.000	4.000	5.000	6.000	7.000	8.000
弹簧伸长位置/cm	x_1	x_2	x_3	x_4	x_5	x_6	x_7	x_8

若不加思考进行逐项相减，很自然会采用下列公式计算：

$$\Delta x=\frac{1}{7}[(x_2-x_1)+(x_3-x_2)+\cdots+(x_8-x_7)]=\frac{1}{7}(x_8-x_1)$$

结果发现除 x_1 和 x_8 外，其他中间测量值都未用上，它与一次增加 7 个砝码的单次测量等价。若用多项间隔逐差，即将上述数据分成前后两组，前一组（x_1，x_2，x_3，x_4），后一组（x_5，x_6，x_7，x_8），然后对应项相减求平均，即：

$$\Delta x=\frac{1}{4\times 4}[(x_5-x_1)+(x_6-x_2)+(x_7-x_3)+(x_8-x_4)]$$

这样全部测量数据都用上了，保持了多次测量的优点，减少了随机误差，计算结果比前面的要准确些。逐差法计算简便，特别是在检查具有线性关系的数据时，可随时“逐差验证”，及时发现数据规律或错误数据。

四、实验数据的数学模型法

数学模型法又称为公式法或函数法，亦即用一个或一组函数方程式来描述过程变量之间的关系。就数学模型而言，可以是纯经验的，也可以是半经验的或理论的。选择的模型方程好与差取决于研究者的理论知识基础与经验。无论是经验模型还是理论模型，都会包含一个或几个待定系数，即模型参数。采用适当的数学方法，对模型函数方程中的参数估值并确定所估参数的可靠程度，是数据处理中的重要内容。

1. 数学模型的形式

(1) 经验模型

在化工研究过程中广泛使用着大量的经验模型，这些经验模型都是通过对实验数据的统计拟合而得。以下是几种常用的方程形式：

① 多项式。其通式为 $y=a_0+a_1x+a_2x^2+\cdots+a_mx^m=\sum_{i=0}^{m}a_ix^i$。若自

变量数在两个以上，可采用下述形式 $y=a_0+a_1x_1+b_1x_2+c_1x_1x_2+a_2x_1^2+b_2x_2^2+c_2x_1^2x_2^2+\cdots$。对于流体的物性，例如比热容、密度、汽化热等与温度的关系，常采用多项式关联。

② 幂函数。其一般形式为 $y=a_0x_1^{a_1}x_2^{a_2}\cdots x_m^{a_m}$。在动量、热量、质量传递过程中的无量纲特征数之间的关系，多以幂函数的形式表示。

③ 指数函数。指数函数的一般形式为 $y=a_0\mathrm{e}^{a_1x}$。在化学反应、吸附、离子交换，以及其他非稳态过程，常以此种函数形式关联变量间的关系。

(2) 理论模型

理论模型又称机理模型，是根据化工过程的基本物理原理推演而得。过程变量间的关系可用物料衡算、能量衡算、过程速率和相平衡关系四大法则来进行描述，过程中所有不确定因素的影响可归并于模型参数中，通过必要的实验和有限的数据对模型参数加以确定。

2. 模型参数的估值方法

关于模型参数的估值的提法有以下几种：通过观测数据作曲线（方程）称为曲线拟合；用观测数据计算已知模型函数中的参数称为模型参数估计；由观测数据给出模型方程参数的最小二乘估计值并进行统计检验称为回归分析。论述有关模型参数估值的具体方法的专著已有很多，因此下文仅对参数的估值方法选择的原则作简要介绍。

(1) 模型参数估值的目标函数

模型参数估值的目标函数一般根据最小二乘法原理构造。过程变量之间的函数关系以下式表示：

$$y=f(\vec{x},\vec{b})$$

$$\vec{x}=(x_1,x_2,\cdots,x_m)^{\mathrm{T}} \tag{1-11}$$

$$\vec{b}=(b_1,b_2,\cdots,b_k)^{\mathrm{T}}$$

式中，x 为自变量；b 为模型参数。

通常总是期望模型计算值与实验值之间的偏差最小。则目标函数为：

$$F=\sum_{i=1}^{n}(y_i-y^*)=\sum_{i=1}^{n}[f(\vec{x}_i,\vec{b}_i)-y_i^*]^2=\mathrm{Min} \tag{1-12}$$

这样，在给定实验数据 x_i，y_i 后，F 就成为与 $\vec{b}$ 有关的函数了。剩下的问题是采用有效的数学方法求得“最优”的 $\vec{b}$，使 F 最小。

（2）模型参数的估值方法

模型参数的估值在数学上是一个优化问题，根据模型方程的形式可以分为代数方程或微分方程参数估值；根据参数的多少可以分为单参数或多参数估值。对于线性代数方程，可用线性回归（拟合）方法求取模型参数；对于非线性代数方程，常用的方法有高斯-牛顿（Gauss-Newton）法、马尔夸特（Marguardt）法、单纯形（Simplex）法等。对于微分方程，可采用解析方法、数值积分方法或数值微分方法求解。

第二章

化工原理实验操作

第一节 雷诺演示实验

一、实验目的及任务

1. 了解管内流体质点的运动方式，认识不同流动形态的特点，掌握判别流型的准则。

2. 在恒定压力下，观察层流到湍流时的形态演变。

3. 测定流动形态与雷诺数 Re 之间的关系及临界雷诺数值。

二、实验原理

流体流动有两种不同形态，层流（滞流）和湍流（紊流）。流体做层流流动时，其流体质点做直线运动，且相互平行；湍流时质点紊乱地向各个方向做不规则的运动，但流体的主体向某一方向流动。

雷诺数是判断流动形态的特征数，若流体在圆直管内流动，则雷诺数可用下式表示：

$$Re=\frac{du\rho}{\mu} \tag{2-1}$$

式中 Re——雷诺数；

d——管径，m；

u——流速，m/s；

ρ——流体密度，kg/m^3；

μ——流体黏度，Pa·s。

对于一定温度的流体，在特定的圆管内流动，雷诺数仅与流体流速有关。通常以雷诺数作为判别流动状态的准则，即 $Re \leqslant 2000$ 时为层流；$Re > 4000$ 时为湍流；$2000 < Re \leqslant 4000$ 时流动处于过渡状态，即有可能是层流，也可能是湍流，或两者交替出现。本实验中，水在一定管径的水平管内流动，通过改变流体在管内的速度，即可观察在不同流速下流体的流动形态，从而确定在该流动装置中层流和湍流的临界雷诺数值。

三、实验装置与流程

1. 实验装置

实验装置如图 2-1 所示，主要由高位（稳压溢流）水箱、玻璃实验导管、压力传感器、有机玻璃量筒和温度传感器等组成。

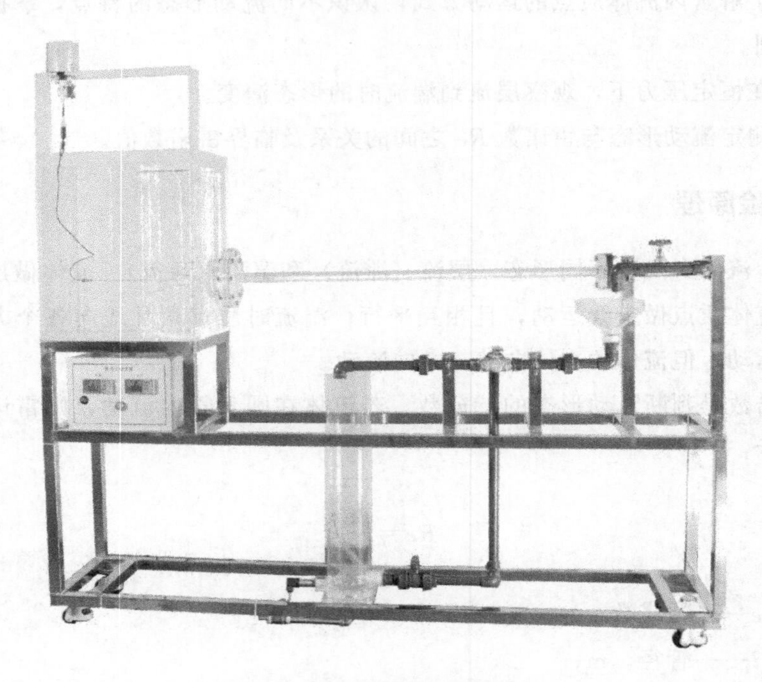

图 2-1　雷诺演示实验装置

高位（稳压溢流）水箱：分为三个区，进水区、溢流区和实验区。

玻璃实验导管：直径 ϕ30mm × 3mm，长度 1450mm，喇叭口长度 150mm。

压力传感器：用来读取液位高度，量程 0 ～ 10kPa（0 ～ 1m），精度 0.25%。

有机玻璃量筒：直径 ϕ140mm×5mm，高 750mm。

温度传感器：0～100℃，A 级。

2. 实验流程

雷诺演示实验装置流程图如图 2-2 所示。

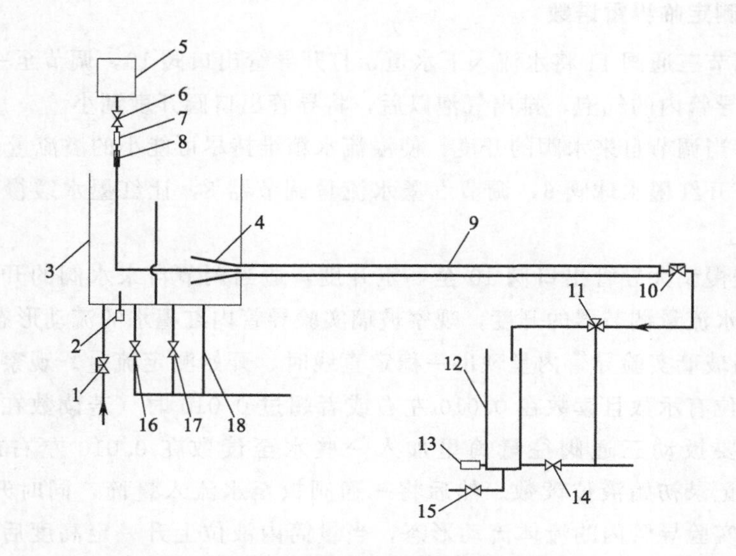

图 2-2 雷诺演示实验装置流程图

1—自来水阀；2—温度传感器；3—高位（稳压溢流）水箱；4—喇叭口；5—有机玻璃红墨水槽；6—红墨水球阀；7—滴壶；8—红墨水流量调节器；9—玻璃实验导管；10—导管出口（流量调节）阀；11—三通阀；12—有机玻璃量筒；13—压力传感器；14—量筒侧面排水阀；15—量筒底部排水阀；16—高位水箱进水区排水阀；17—高位水箱实验区排水阀；18—高位水箱溢流区排水管

水由自来水管送入高位（稳压溢流）水箱，再流入玻璃实验导管，通过导管出口阀调节玻璃实验导管内水的流量，流量越大流速越大，通过自来水阀控制溢流水箱的溢流量。示踪剂采用红色墨水，它由有机玻璃红墨水槽经球阀、滴壶和流量调节器，注入玻璃实验导管，观察红墨水在玻璃实验导管内的流动形态。

四、实验操作步骤及注意事项

1. 实验步骤

(1) 实验前的准备工作

① 实验前检查各个阀门是否关闭，打开总电源。

② 向红墨水槽中加入适量稀释过的红墨水，作为实验用的示踪剂。

③ 开启自来水阀 1，加水到高位水箱溢流高度处，保证高位水箱内的液位恒定。

（2）测定临界雷诺数

① 调节三通阀 11 将水流入下水道，打开导管出口阀 10，调节至一定开度，排出实验导管内的气泡，排出气泡以后，将导管出口阀开度调小。

② 适当调节自来水阀的开度，使溢流水箱维持尽可能小的溢流量。

③ 打开红墨水球阀 6，调节红墨水流量调节器 8，让红墨水缓慢流过玻璃实验导管。

④ 缓慢调大导管出口阀 10 至一定开度，适当调节自来水阀的开度，适当调节红墨水流量调节器的开度，观察玻璃实验导管内红墨水的流动形态。

⑤ 当玻璃实验导管内呈现出一稳定直线时，开始测定流量。观察到有机玻璃量筒液位有示数且读数在 0.010 左右或者超过 0.010 时（若读数在 0.000 左右，则需要扳动三通阀往量筒里加入一些水至读数在 0.010 左右或者超过 0.010)，记录初始液位读数。然后将三通阀扳至水流入量筒，同时开始计时。观察玻璃实验导管内的流体流动形态，当量筒内液位上升一定高度后，将三通阀扳至水流入下水道，同时停止计时，等量筒内液位平稳以后，记录最终液位读数。

⑥ 记录温度数值，记录好数值以后，计算此时的雷诺数 Re。打开量筒侧面排水阀 14，将量筒内的水排掉，排完水之后关闭排水阀。

⑦ 重复步骤④⑤⑥，测定临界雷诺数。

⑧ 实验结束以后，关闭所有阀门，关闭总电源。

2. 注意事项

（1）记录量筒内初始液位读数时，为了避免读数误差，使初始液位读数在 0.010 左右或者超过 0.010（不接近 0.000），最终液位读数不低于量筒 4/5 高度。

（2）做层流流动时，为了使层流状态能较快形成，而且能够保持稳定，应做到：

① 水箱的溢流应尽可能小。因为溢流大时，上水的流量也大，上水和溢流两者造成的震动效果都比较大，影响实验结果。

② 高位水箱内的水要保持静止，要尽量避免人为的震动和噪声，否则影响实验结果，所以应保持实验环境安静。

五、实验数据记录与处理

1. 将实验数据与观察到的现象记录到表 2-1 并计算雷诺数。

根据水温，查表得到此温度下水的密度和黏度，计算雷诺数。

2. 最后将实验得出的临界雷诺数（平均值）与公认值进行比较。

表 2-1　雷诺实验数据记录与处理表

实验导管内直径：0.024m；实验导管总长：1.45m

序号	初始液位/m	终了液位/m	水温/℃	时间/s	流速/(m/s)	雷诺数 Re	红墨水形态
1							
2							
3							
4							
…							

六、思考题

1. 若红墨水注入管不设在玻璃实验导管中心，能得到实验预期的结果吗？

2. 层流和湍流的本质区别是什么？

3. 流态判据为何采用无量纲参数，而不采用临界流速？

4. 临界雷诺数与哪些因素有关？

第二节　伯努利实验

一、实验目的及任务

1. 熟悉流体在管内流动时，位压头、静压头和动压头的概念和相互转换关系，深化对伯努利方程的理解。

2. 了解流体流动阻力的表现形式。

3. 观察流体流动过程中，随着实验测试管路结构与水平位置的改变及流量的变化，静压头与冲压头（静压头+动压头）之间的变化情况，并找出其规律，以验证伯努利方程。

二、实验原理

流体在流动时具有三种形式的机械能，即位能、动能、静压能，这三种能量可以相互转化，当管路条件（如位置高低、管径大小）改变时，它们便会自动转换。当流体为理想流体，由于不存在因摩擦和碰撞而产生的机械能损失，因此在同一管路的任意两个截面上，尽管三种机械能彼此不一定相等，但这三种机械能的总和是相等的。对实际流体而言，由于有内摩擦力的存在，流动过程中总有一部分机械能在管路中是不能恢复的，因此对实际流体来说，两个界面上的机械能不相等，两者之差就是流体在这两个截面之间因摩擦和碰撞转化成了热能，即机械能的损失。两个截面之间的机械能关系可以用伯努利方程表示，即：

$$gZ_1+\frac{u_1^2}{2}+\frac{p_1}{\rho}=gZ_2+\frac{u_2^2}{2}+\frac{p_2}{\rho}+\sum h_{f12} \tag{2-2}$$

式中　gZ——单位质量流体具有的位能，J/kg；

$u^2/2$——单位质量流体具有的动能，J/kg；

p/ρ——单位质量流体具有的静压能，J/kg；

$\sum h_{f12}$——单位质量流体在流动过程中的摩擦损失，J/kg。

用液体柱的高度表示时，其流体机械能可改写成：

$$Z_1+\frac{u_1^2}{2g}+\frac{p_1}{\rho g}=Z_2+\frac{u_2^2}{2g}+\frac{p_2}{\rho g}+H_{f,1\text{-}2} \tag{2-3}$$

即流体机械能可用测压管中的一段液柱高度来表示。在流体力学中，把表示各种机械能的流体柱高度称为“压头”。表示位能的称为位压头（Z），表示动能的称为动压头（$u^2/2g$），表示静压能的称为静压头（$p/\rho g$），表示已损失的机械能的称为压头损失（$H_{f,1\text{-}2}=\sum h_{f12}/g$）。任何两个截面上，位压头、动压头、静压头三者总和的差值即为压头损失，它表示液体流经这两个截面之间时的机械能损失。

三、实验装置与流程

伯努利实验装置图如图 2-3 所示。

伯努利实验装置流程图如图 2-4 所示，主要由高位（溢流）水箱、不锈钢框架、小控制柜、离心泵、实验导管、测压管、低位水箱、管路流量调节阀、转子流量计等几部分组成。实验导管由玻璃制成，测压管由有机玻璃制成，便于观测，测压管内液位的高度显示测压孔处静压头的大小。在不同管道结构处设置测压孔，以便从液位的高度上直观了解导管中不同管道处的静压头变化；动压头由流体流量计算；改变流体流量，观察测压管中液位高度，可以了解其能量的转换。

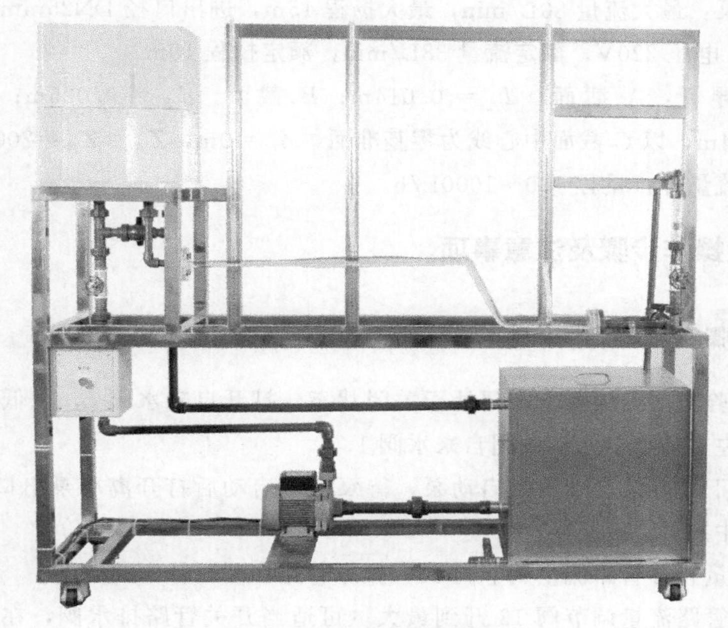

图 2-3 伯努利实验装置图

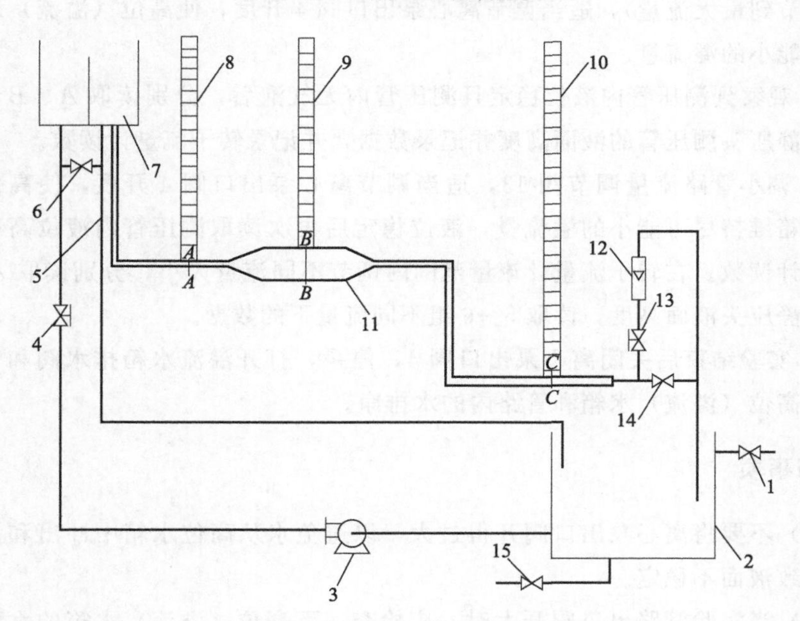

图 2-4 伯努利实验装置流程图

1—自来水阀；2—低位水箱；3—离心泵；4—离心泵出口（流量调节）阀；5—高位水箱溢流管；6—高位水箱（进水区）排水阀；7—高位（溢流）水箱；8—A 截面静压头测压管；9—B 截面静压头测压管；10—C 截面静压头测压管；11—放大管；12—转子流量计；13—管路流量调节阀；14—管路排水阀；15—低位水箱排水阀

离心泵：最大流量 80L/min，最大扬程 15m，进出口径 DN25mm，输入功率 400W，电压 220V，额定流量 38L/min，额定扬程 10m。

实验导管：A 截面，$d_A=0.014$m；B 截面，$d_B=0.026$m；C 截面，$d_C=0.014$m，以 C 截面中心线为零基准面，$Z_C=0$m，$Z_A=Z_B=200$m。

转子流量计：量程 100～1000L/h。

四、实验操作步骤及注意事项

1. 实验步骤

① 实验之前确认各个阀门处于关闭状态，打开自来水阀 1，往低位水箱中加入 4/5 左右体积的水后关闭自来水阀 1。

② 按下离心泵启动按钮启动泵，待泵正常启动后打开离心泵出口阀 4，往高位水箱中加水。

③ 适量打开管路流量调节阀 13，排净管路和测压管中的空气。

④ 将管路流量调节阀 13 开到最大（可适当开关管路排水阀，在流量计量程内调节到最大流量），适当调节离心泵出口阀 4 开度，使高位（溢流）水箱维持尽可能小的溢流量。

⑤ 观察到测压管内液位稳定且测压管内无气泡后，分别读取 A、B、C 三个截面静压头测压管的液面高度并记录数据，并记录转子流量计读数。

⑥ 调小管路流量调节阀 13，适当调节离心泵出口阀 4 开度，使高位（溢流）水箱维持尽可能小的溢流量，液位稳定后再次读取测压管内液位高度和转子流量计读数。在转子流量计流量范围内调节不同流量大小，分别读取 A、B、C 处的静压头液面高度，读取 5～6 组不同流量下的数据。

⑦ 实验结束后关闭离心泵出口阀 4，停泵，打开溢流水箱排水阀和管路排水阀将高位（溢流）水箱和管路内的水排净。

2. 注意事项

（1）不要将离心泵出口阀开得过大，以避免水从高位水箱中冲出和溢流量过大导致液面不稳定。

（2）当实验管路出口阀开大时，应检查一下高位（溢流）水箱的水面是否稳定，当水面下降时应适当开大泵出口阀。

（3）流量调节阀须缓慢地关小，以免造成流量突然下降，使测压管的水溢出。

（4）必须排出实验管路及测压管内的空气泡。

（5）读取测压管内液面高度时，视线要与凹液面处在同一水平面；读取转子流量计刻度时，视线与转子最大截面处在同一水平面。

五、实验数据记录与处理

1. 将实验数据与计算得到的压头损失填入表 2-2 中，并列出一组数据的详细计算过程。

表 2-2　伯努利实验数据记录与处理表

序号	流量/(L/h)	流速/(m/s)			测压管压头 $\left(Z+\frac{p}{\rho g}\right)$ /mmH_2O			$H_{f,A\text{-}B}$ /mmH_2O	$H_{f,B\text{-}C}$ /mmH_2O	$H_{f,A\text{-}C}$ /mmH_2O
		A 截面	B 截面	C 截面	A 截面	B 截面	C 截面			
1										
2										
3										
4										
5										
6										
7										
…										

注：$1mmH_2O=9.8Pa$。

2. 对实验结果进行对比与讨论，分别分析讨论以下情况：

（1）对同一管径下不同流量时的动能进行比较。

（2）同一流量时不同管径上动能比较。

（3）总压头从 A 截面到 C 截面的变化情况。

（4）总压头损失与流量的关系。

（5）管路突然扩大处的能量变化。

六、思考题

1. 为什么能量损失是沿着流动的方向增大的？

2. 为什么在实验过程中要保持高位（溢流）水箱中有溢流？

3. 测压管工作前为什么要排尽管路中的空气？其测量的是绝对压力还是表压力？

4. 对于不可压缩流体在水平变径管路中的流动，流速与管径的关系如何？

5. 若两测压截面与基准面的距离不同，则两截面间的静压差仅由流动阻力造成吗？

第三节 流动阻力测定实验

一、实验目的及任务

1. 掌握流体流经直管和阀门时阻力损失的测定方法，通过实验了解流体流动中能量损失的变化规律。

2. 学会倒U形管压差计和涡轮流量计的使用方法。

3. 观察组成管路的各种管件、阀门，并了解其作用。

4. 测定直管摩擦系数 λ 与雷诺数 Re 的关系，将所得的 λ-Re 方程与经验公式比较。

5. 测定流体流经阀门和管件时的局部阻力系数 ξ。

二、实验原理

流体在管路中流动时，由于黏性剪应力和涡流的存在，不可避免地要消耗一定的机械能，包括直管阻力损失和局部阻力损失。流体流经直管时所造成的机械能损失称为直管阻力损失；流体通过管件、阀门时因流体运动方向和速度大小改变所引起的机械能损失称为局部阻力损失。

1. 直管阻力的测定（沿程阻力）

流体在水平等径圆直管中稳定流动时，阻力损失表现为压力降低，即：

$$h_f=\frac{p_1-p_2}{\rho}=\frac{\Delta p}{\rho}=\lambda\frac{l}{d}\times\frac{u^2}{2} \tag{2-4}$$

$$\lambda=f\left(\frac{du\rho}{\mu},\frac{\varepsilon}{d}\right) \tag{2-5}$$

式中 Δp——压降，Pa；

h_f——直管阻力损失，J/kg；

ρ——流体密度，kg/m^3；

l——直管长度，m；

d——直管内径，m；

u——流体流速，m/s；

μ——流体黏度，Pa·s；

λ——摩擦系数，层流时 $\lambda=\frac{64}{Re}$。

湍流时 λ 是雷诺数 Re 和相对粗糙度的函数，须由实验确定。测定两截面之间的压强差，即为流体流经两截面间的阻力损失（压降）。根据式(2-4) 计算获得湍流时的摩擦系数 λ，调节流量，改变流速，即可测得不同雷诺数下的摩擦系数。

2. 局部阻力的测定

局部阻力通常有两种表示方法，即当量长度法和阻力系数法。

(1) 当量长度法

流体流经管件或阀门时，因局部阻力造成的损失，相当于流体流过与其具有相当管径长度的直管阻力损失，这个直管长度称为当量长度，用符号 l_e 表示。如管路中直管长度为 l，各种局部阻力的当量长度之和为 $\sum l_e$，则流体在管路中流动时的总阻力损失 $\sum h_f$ 为：

$$\sum h_f=\lambda\frac{l+\sum l_e}{d}\times\frac{u^2}{2} \tag{2-6}$$

式中 h_f——直管阻力损失，J/kg；

l——直管长度，m；

l_e——当量长度，m；

d——直管内径，m；

u——流体流速，m/s；

λ——摩擦系数，层流时 $\lambda=\frac{64}{Re}$。

(2) 阻力系数法

流体通过某一管件或阀门时的阻力损失用流体在管路中的动能系数来表示，这种计算局部阻力的方法，称为阻力系数法。即：

$$h'_f=\xi\frac{u^2}{2} \tag{2-7}$$

式中 ξ——局部阻力系数，无量纲；

u——在小截面管中流体的平均流速，m/s。

由于管件两侧距测压孔间的直管长度很短，引起的摩擦阻力与局部阻力相比，可以忽略不计，因此 h'_f 值可应用伯努利方程由压差计读数求取。

三、实验装置与流程

1. 实验装置

流动阻力测定实验装置如图 2-5 所示，主要由水箱、泵、不同管径与材质的管子、各种阀门和管件、涡轮流量计等组成。第一根为不锈钢管，第二根为镀锌管，分别用于光滑管和粗糙管湍流流动流体流动阻力的测定。第三根为不锈钢管，装有待测闸阀、弯头、突然放大管，用于局部阻力的测定。

图 2-5　流动阻力测定实验装置图

流体阻力测定实验装置结构尺寸具体如下：

光滑直管：304 不锈钢管，管内径为 26mm，测压点间距 1600mm；

粗糙直管：镀锌管，管内径为 26mm，测压点间距 1600mm；

闸阀：304 不锈钢，管径 $DN25$，测压点间距 60mm；

弯头：304 不锈钢，管径 $DN25$，测压点间距 60mm；

突然放大管：管路突然放大，管内径从 25mm 突然放大到 40mm；

涡轮流量计：量程 1～10m^3/h；

倒 U 形管压差计：量程 0～10kPa。

2. 实验流程

流动阻力实验装置流程图如图 2-6 所示，本实验介质为水，由水箱提供。

流量用涡轮流量计测量，直管阻力由压差传感器测得，局部管件阻力分别由各自的倒 U 形管压差计测得。倒 U 形管压差计的使用方法见实验步骤。

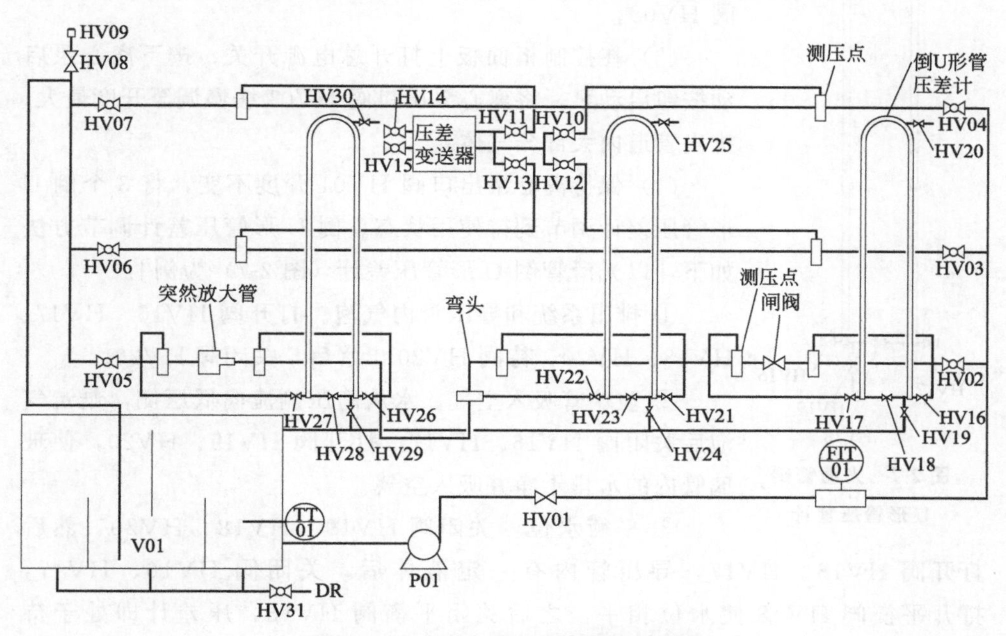

图 2-6　流动阻力测定实验装置流程图

V01—水箱；P01—离心泵；TT01—水箱温度传感器；FIT01—涡轮流量计；HV01—离心泵出口（流量调节）阀；HV02—局部阻力管入口阀；HV03—粗糙管入口阀；HV04—光滑管入口阀；HV05—局部阻力管出口阀；HV06—粗糙管出口阀；HV07—光滑管出口阀；HV08—管路排气阀前置球阀；HV09—管路排气阀；HV10—光滑管压差传感器高压侧阀；HV11—光滑管压差传感器低压侧阀；HV12—粗糙管压差传感器高压侧阀；HV13—粗糙管压差传感器低压侧阀；HV14—压差传感器低压侧泄压阀；HV15—压差传感器高压侧泄压阀；HV16—倒 U 形管压差计高压侧进气阀；HV17—倒 U 形管压差计低压侧进气阀；HV18—倒 U 形管压差计平衡阀；HV19—倒 U 形管压差计排水阀；HV20—倒 U 形管压差计排气阀；HV21—倒 U 形管压差计高压侧进气阀；HV22—倒 U 形管压差计低压侧进气阀；HV23—倒 U 形管压差计平衡阀；HV24—倒 U 形管压差计排水阀；HV25—倒 U 形管压差计排气阀；HV26—倒 U 形管压差计高压侧进气阀；HV27—倒 U 形管压差计低压侧进气阀；HV28—倒 U 形管压差计平衡阀；HV29—倒 U 形管压差计排水阀；HV30—倒 U 形管压差计排气阀；HV31—水箱排水阀

四、实验操作步骤及注意事项

1. 实验步骤

（1）实验前先熟悉实验装置系统。

（2）打开闸阀（全开）、局部阻力管入口阀 HV02、粗糙管入口阀 HV03、光滑管入口阀 HV04、局部阻力管出口阀 HV05、粗糙管出口阀 HV06、光滑管出口阀 HV07、管路排气阀前置球阀 HV08。

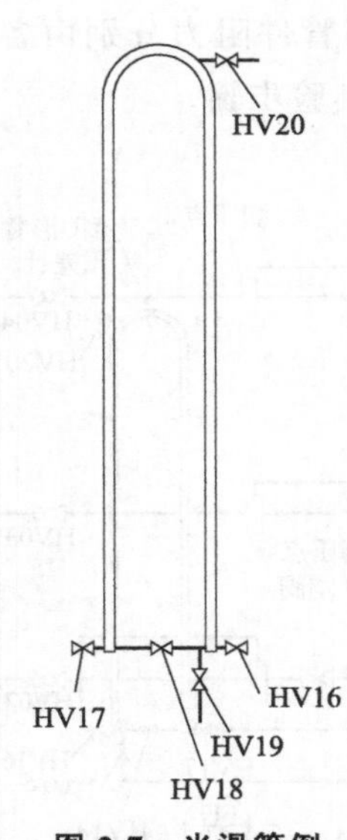

图 2-7　光滑管倒U形管压差计

(3) 在控制柜面板上打开总电源开关，按下离心泵启动按钮启动泵，将离心泵出口阀 HV01 缓慢调至开度最大，排出管道内大部分气体。

(4) 保持离心泵出口阀 HV01 开度不变，将 3 个倒 U 形管压差计调节到待使用状态。倒 U 形管压差计调节方法如下［以光滑管倒 U 形管压差计（图 2-7）为例］：

① 排出系统和导压管内气泡。打开阀 HV16、HV17、HV18、HV20，待阀 HV20 出水后，关闭阀 HV20。

② 玻璃管吸入空气。水从高压侧流向低压侧，赶走气泡后关闭阀 HV16、HV17，打开阀 HV19、HV20，使玻璃管内的水排干净并吸入空气。

③ 平衡水位。关闭阀 HV19、HV18、HV20，然后打开阀 HV16、HV17，导压管内有一定液体后，关闭阀 HV16、HV17，打开平衡阀 HV18 使水位相平，之后关闭平衡阀 HV18，压差计即处于待用状态。

(5) 各部件阻力系数的测定

① 测光滑管阻力。关闭阀 HV02、HV03，打开光滑管压差传感器高压侧阀 HV10、光滑管压差传感器低压侧阀 HV11，通过调节离心泵出口阀 HV01 调节流量从大到小，分别为 $10m^3/h$，$9m^3/h$，…，$3m^3/h$，测得每个流量下对应的光滑管的阻力（压差 Pa）并记录数据，测定完毕后，关闭阀 HV10、阀 HV11、光滑管入口阀 HV04。

② 测粗糙管阻力。打开粗糙管入口阀 HV03，打开粗糙管压差传感器高压侧阀 HV12、粗糙管压差传感器低压侧阀 HV13，测定方法与测光滑管阻力相同，测定完毕后，关闭阀 HV12、阀 HV13、粗糙管入口阀 HV03。

③ 测局部阻力。打开局部阻力管入口阀 HV02，将闸阀全开，分别测得闸阀全开、弯头、突然放大管的局部阻力（流量可设定为 $4m^3/h$、$5m^3/h$、$6m^3/h$），打开倒 U 形管压差计高压侧阀和低压侧阀，通过调节离心泵出口阀 HV01 调节流量从大到小，记录各个倒 U 形管压差计读数（流量在压差可测范围内均匀取 3 个点测定）。

(6) 实验结束后停泵，打开各个倒 U 形管压差计的排水阀，排尽水，以防设备生锈。

2. 注意事项

(1) 实验过程中，阀 HV05、HV06、HV07、HV08 要一直打开，实验过程中当流量小、倒 U 形管压差计取压管液面过低的时候，可以适当关小管路的出口阀。

(2) 启动离心泵后，应等待泵正常运行后，才旋开泵出口阀调节流量。

(3) 为使流量数据点在最大流量至零流量之间合理分配，在选取测量数据时，最好先调到最大流量，由大至小缓慢调节流量，读取数据。

(4) 开启、关闭管道上的各阀门及倒 U 形管压差计的阀门时，一定要缓慢开关，切忌用力过猛过大，防止测量仪表因突然受压、减压而受损（如玻璃管断裂、阀门滑丝等）。

五、实验数据记录与处理

1. 将实验中记录的数据和计算结果分别填入到表 2-3、表 2-4、表 2-5 中。
2. 根据光滑管实验结果，在双对数坐标纸上标绘出 λ-Re 曲线。
3. 根据粗糙管实验结果，在双对数坐标纸上标绘出 λ-Re 曲线。
4. 根据局部阻力实验结果，求出闸阀全开、弯头、突然放大管的平均 ξ 值。

表 2-3 流体流动光滑管与粗糙管阻力测定实验数据记录表

序号	光滑管			粗糙管		
	流量/(m^3/h)	温度/℃	光滑管压差/Pa	流量/(m^3/h)	温度/℃	粗糙管压差/Pa
1						
2						
3						
……						

表 2-4 流体流动光滑管与粗糙管阻力测定实验数据计算结果一览表

序号	流量/(m^3/h)	水密度 ρ/(kg/m^3)	水黏度 μ/Pa·s	光滑管压差/Pa	粗糙管压差/Pa	$Re_{光滑管}$	$\lambda_{光滑管}$	流量/(m^3/h)	$Re_{粗糙管}$	$\lambda_{粗糙管}$
1										
2										
3										
……										

表 2-5 局部阻力测定实验数据记录及处理表

局部阻力	序号	流量 /(m^3/h)	温度 /℃	p_1 /mmH_2O	p_2 /mmH_2O	阻力 /mmH_2O	流速 u /(m/s)	阻力系数 ξ	平均阻力系数 ξ
闸阀全开阻力测定 $D=0.026$m	1								
	2								
	3								
弯头阻力测定 $D=0.019$m	1								
	2								
	3								
突然缩小阻力测定 $D=0.026$m	1								
	2								
	3								

六、思考题

1. 流体流动时为什么会产生摩擦阻力？摩擦阻力以哪几种形式反映出来？

2. 在对装置进行排气时，是否一定要关闭泵出口流量调节阀？为什么？

3. 如何检测测试系统内的空气已被排除干净？

4. 如果要增大雷诺数的范围，可采取哪些措施？

5. 以水作为介质所测得的 λ-Re 关系能否适用于其他流体？如何应用？

6. 在不同的设备上（包括不同管径），不同水温下测定的 λ-Re 关系能否关联在同一条曲线上？

7. 如果倒 U 形管压差计测压口边缘有毛刺或安装不垂直，对静压的测量有何影响？

第四节 离心泵特性曲线测定实验

一、实验目的及任务

1. 了解离心泵结构与特性，掌握离心泵的操作方法。

2. 掌握离心泵流量调节的方法（阀门、转速和泵组合方式）和涡轮流量计的工作原理与使用方法。

3. 测定恒定转速条件下离心泵的特性曲线。

二、实验原理

离心泵的内部结构、叶轮的构造及其转速决定了离心泵的性能参数，离心泵的特性曲线是选择和使用离心泵的重要依据之一。在选用离心泵时，既要满足生产工况要求的流量和压头，还要在较高的效率区间内运行。离心泵的特性曲线是在恒定转速下扬程 H、轴功率 N 及效率 η 与流量 q_V 之间的关系曲线，它是流体在泵内流动规律的外部表现形式。由于泵内部流动情况复杂，很难用数学方法计算泵的特性曲线，因此通常采用实验的方法来测定。

本实验采用涡轮流量计测量流量，可在智能仪表上直接读取 q_V 值，单位为 m^3/h。泵轴的转速由变频器采集，可在转速仪表上直接读出，单位为 r/min。本实验测定恒定转速条件下离心泵的特性曲线时，转速一般设定为 2500r/min。

1. 扬程 *H* 的测定与计算

在泵进、出口取截面列伯努利方程：

$$H=\frac{p_2-p_1}{\rho g}+Z_2-Z_1+\frac{u_2^2-u_1^2}{2g} \tag{2-8}$$

式中 p_1，p_2——泵进、出口的压强，kPa；

ρ——液体密度，kg/m^3；

u_1，u_2——泵进、出口的流速，m/s；

g——重力加速度，m/s^2。

当泵进、出口管径一样，且压力表和真空表安装在同一高度，式(2-8) 简化为：

$$H=\frac{p_2-p_1}{\rho g} \tag{2-9}$$

由式(2-9) 可知，只要直接读出真空表和压力表上的数值，就可以计算出泵的扬程。

注意：上式中 p_1 应代入一个负的表压值。本实验中，采用压力传感器来测量泵进、出口的真空度和压力。

2. 轴功率 *N* 的测量与计算

采用功率表测量电机功率，用电机功率乘以电机效率即得泵的轴功率。

$$N=N_{电机}\ \eta_{电机} \tag{2-10}$$

式中　N——泵的轴功率，W。

本实验中电机功率为三相功率，测量得到的功率值需乘以 3 才是电机功率，电机效率为 81.3%。

3. 效率 η 的计算

泵的效率 η 为泵的有效功率 N_e 与轴功率 N 的比值。有效功率 N_e 是流体单位时间内自泵得到的功，轴功率 N 是单位时间内泵从电机得到的功，两者差异反映了水力损失、容积损失和机械损失的大小。

泵的有效功率 N_e 可用下式计算：

$$N_e=H_e q_V \rho g \tag{2-11}$$

故

$$\eta=\frac{N_e}{N}=\frac{H_e q_V \rho g}{N} \tag{2-12}$$

三、实验装置与流程

1. 实验装置

实验装置如图 2-8 所示，主要由水箱、泵、功率表、变频器、涡轮流量计、电远传压力表、不同管径和材质的管子、各种阀门和管件等组成。

图 2-8　离心泵特性曲线测定实验装置图

2. 实验流程

离心泵特性曲线测定实验装置流程图如图 2-9 所示。

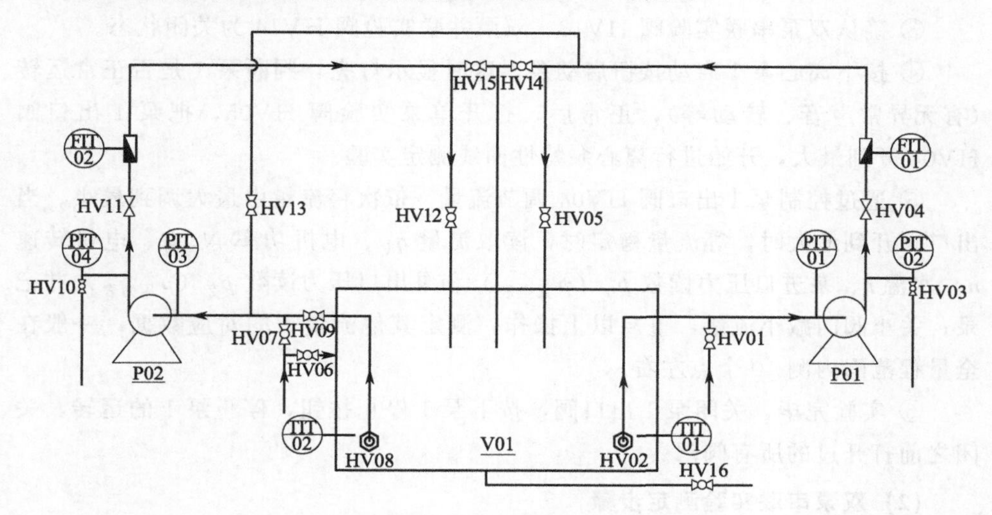

图 2-9 离心泵特性曲线测定实验装置流程图

V01—水箱；P01—离心泵 1；P02—离心泵 2；TIT01—温度传感器 1；TIT02—温度传感器 2；PIT01—泵 1 进口处电远传真空表；PIT02—泵 1 出口处电远传压力表；PIT03—泵 2 进口处电远传真空表；PIT04—泵 2 出口处电远传压力表；FIT01—涡轮流量计 1；FIT02—涡轮流量计 2；HV01—泵 1 灌水阀；HV02—泵 1 底阀；HV03—泵 1 排气阀；HV04—泵 1 出口（流量调节）阀；HV05—泵 1 单泵实验阀；HV06—水箱进水阀；HV07—泵 2 灌水阀；HV08—泵 2 底阀；HV09—泵 2 进水阀；HV10—泵 2 排气阀；HV11—泵 2 出口（流量调节）阀；HV12—泵 2 单泵实验阀；HV13—双泵串联实验阀；HV14—双泵并联实验阀 1；HV15—串、并联实验阀 2；HV16—水箱排水阀

四、实验操作步骤及注意事项

1. 实验步骤

实验前打开水箱进水阀 HV06，往水箱中加水至高度超过进水管，然后关闭水箱进水阀 HV06。

（1）单泵特性曲线测定实验步骤（两个泵可同时做实验，本次实验只需选定其中一个泵测试）

① 打开总电源开关。

② 关闭泵 1 出口阀 HV04，打开排气阀 HV03，打开灌水阀 HV01，对水泵进行灌水，排气结束（排气管路中没有气泡）后关闭泵的灌水阀，再关闭排气阀。

③ 确认双泵串联实验阀 HV13、双泵并联实验阀 HV14 为关闭状态。

④ 按下离心泵 1 启动按钮启动泵，这时显示灯亮，判断泵 1 是否正常运转（有无异常声音、转动等），正常后，打开单泵实验阀 HV05，把泵 1 出口阀 HV04 开到最大，开始进行离心泵特性曲线测定实验。

⑤ 通过控制泵 1 出口阀 HV04 调节流量，依次将流量由最大调到最小。当出口阀开到最大时，等流量稳定时，读取流量 q_V、电机功率 $N_{电机}$、电机转速 n、水温 t、泵进口压力读数 p_1（$p_{真空表}$）和泵出口压力读数 p_2（$p_{压力表}$）并记录；关小阀门减小流量，重复以上操作，测定其他流量下的对应数据，一般在全量程范围内测 10 个点左右。

⑥ 实验完毕，关闭泵 1 出口阀，按下泵 1 停止按钮，停止泵 1 的运转，关闭之前打开过的所有阀门。

（2）双泵串联实验测定步骤

① 对泵 1、泵 2 灌泵，方法与单泵实验相同。

② 确认双泵并联实验阀 HV14、单泵实验阀 HV05 和 HV12 为关闭状态。

③ 按下泵 1 启动按钮启动泵 1，判断泵 1 启动正常后，打开双泵串联实验阀 HV13；将泵 1 出口阀 HV04 调至最大。

④ 按下泵 2 启动按钮启动泵 2，判断泵 2 启动正常后，打开串、并联实验阀 HV15，将泵 2 出口阀 HV11 逐渐调大，观察流量变化并记录对应数据。

⑤ 测定两泵串联时有效扬程（H）与有效流量（q_{Ve}）之间的关系，在全量程范围内测 8～10 个点左右。

⑥ 实验完毕，关闭泵 1 出口阀，按下泵 1 停止按钮，停止泵 1 的运转，关闭泵 2 出口阀，按下泵 2 停止按钮，停止泵 2 的运转，关闭之前打开过的所有阀门。

（3）双泵并联实验测定步骤

① 对泵 1、泵 2 灌泵，方法与单泵实验相同。

② 确认双泵串联实验阀 HV13、单泵实验阀 HV05 和 HV12 为关闭状态。

③ 打开双泵并联实验阀 HV14、HV15。

④ 按下泵 1 启动按钮启动泵 1，判断泵 1 启动是否正常。

⑤ 打开泵 2 进水阀 HV09，按下泵 2 启动按钮启动泵 2，判断泵 2 启动正

常后，打开泵2出口阀HV11，将泵1出口阀HV04、泵2出口阀HV11逐渐调大，保持泵1、泵2出口压力相同，观察流量变化并记录对应数据。

⑥ 测定两泵并联时有效扬程（H）与有效流量（q_{V_e}）之间的关系，在全量程范围内测8～10个点左右。

⑦ 实验完毕后，关闭泵1出口阀，按下泵1停止按钮，停止泵1的运转，关闭泵2出口阀，按下泵2停止按钮，停止泵2的运转，关闭之前打开过的所有阀门。关闭以前打开的所有设备电源。

2. 注意事项

（1）启动离心泵前先要引水灌泵，排出泵内空气。

（2）离心泵启动前要关闭出口阀，防止启动时功率过高，烧坏电机。

（3）流量调节过程中流量调节阀应朝同一方向调节，不能来回调节阀门开度。

五、实验数据记录与处理

（1）将实验中记录的数据和计算结果分别填入表2-6～表2-10中。

（2）在同一张坐标纸上描绘一定转速下单泵的H-q_V、N-q_V、η-q_V曲线。

（3）在坐标纸上描绘一定转速下单泵、双泵串联的H-q_V曲线。

（4）在坐标纸上描绘一定转速下单泵、双泵并联的H-q_V曲线。

（5）分析实验结果，判断泵较为适宜的工作范围。

（6）单泵特性曲线测定实验，以一例实验数据为例，写出详细计算过程。

表2-6 离心泵单泵特性曲线测定实验数据记录及数据处理表（电机效率81.3%）

项目	序号	水温 t/℃	流量 q_V/(m³/h)	泵入口压力 p_1/kPa	泵出口压力 p_2/kPa	电机功率 $N_{电机}$/W	扬程 H/m	轴功率 N/W	泵效率 η/%
单泵	1								
	2								
	3								
	4								
	5								
	…								

表 2-7 离心泵双泵串联特性曲线测定实验数据记录表

项目	序号	泵 1 流量 q_{V1} /(m^3/h)	泵 1 转速 n_1 /(r/min)	水温 t_1/℃	泵 1 入口压力 p_1/kPa	泵 1 出口压力 p_2/kPa	泵 2 流量 q_{V2} /(m^3/h)	泵 2 转速 n_2 /(r/min)	水温 t_2/℃	泵 2 入口压力 p_3/kPa	泵 2 出口压力 p_4/kPa
双泵串联	1										
	2										
	3										
	4										
	5										
	…										

表 2-8 离心泵双泵串联特性曲线测定实验数据处理表

项目	序号	泵 1 流量 q_{V1}/(m^3/h)	水密度 ρ_1/(kg/m^3)	扬程 H_1/m	泵 2 流量 q_{V2}/(m^3/h)	水密度 ρ_2/(kg/m^3)	扬程 H_2/m	有效扬程 H/m
双泵串联	1							
	2							
	3							
	4							
	…							

表 2-9 离心泵双泵并联性能特性曲线测定实验数据记录表

项目	序号	泵 1 流量 q_{V1} /(m^3/h)	泵 1 转速 n_1 /(r/min)	水温 t_1/℃	泵 1 进口压力 p_1/kPa	泵 1 出口压力 p_2/kPa	泵 2 流量 q_{V2} /(m^3/h)	泵 2 转速 n_2 /(r/min)	水温 t_2/℃	泵 2 进口压力 p_3/kPa	泵 2 出口压力 p_4/kPa
双泵并联	1										
	2										
	3										
	4										
	…										

表 2-10　离心泵双泵并联性能特性曲线测定实验数据处理表

项目	序号	泵 1 流量 q_{V1} /(m^3/h)	水密度 ρ_1 /(kg/m^3)	泵 1 有效扬程 H_1/m	泵 2 流量 q_{V2} /(m^3/h)	水密度 ρ_2 /(kg/m^3)	泵 2 有效扬程 H_2/m	有效流量 $q_{Ve}=q_{V1}+q_{V2}$ /(m^3/h)
双泵并联	1							
	2							
	3							
	4							
	…							

六、思考题

1. 离心泵启动前为什么要关闭出口阀门？

2. 启动离心泵前为什么要灌泵？如果灌泵后泵仍然未启动，可能是什么原因造成的？

3. 本实验是通过什么方法调节离心泵流量的？该方法有什么优缺点？是否还有其他调节流量的方法？

4. 泵启动后，出口阀如果打不开，压力表读数是否会逐渐上升？为什么？

5. 由实验可知，泵的流量越大，泵进口处真空表读数越大，为什么？

6. 本实验中两个相同离心泵串联、并联实验时，流量与扬程之间有什么关系？

7. 为什么要在离心泵进口端的末端安装底阀？

8. 总结离心泵特性曲线的规律，讨论离心泵特性曲线的实际意义是什么？

第五节　恒压过滤常数测定实验

一、实验目的及任务

1. 熟悉板框压滤机的构造和操作方法。

2. 通过恒压过滤实验，验证过滤基本原理。

3. 学会测定过滤常数 K、q_e、τ_e 及压缩性指数 s 的方法。

4. 了解操作压力对过滤速率的影响。

5. 学会滤饼洗涤操作。

二、实验原理

过滤是以某种多孔物质作为介质来处理悬浮液的操作，在外力的作用下，悬浮液中的液体通过介质的孔道而固体颗粒被截留下来，从而实现固液分离。因此，过滤操作本质上是流体通过固体颗粒床层的流动，所不同的是这个固体颗粒层的厚度随着过滤过程的进行而不断增加，故在恒压过滤中，其过滤速度不断降低。影响过滤速度的主要因素除压强差 Δp、滤饼厚度 L 外，还有滤饼和悬浮液的性质、悬浮液温度、过滤介质的阻力等，故难以用流体力学的方法处理。

比较过滤过程与流体经过固定床的流动可知：过滤速度即为流体通过固定床的表观速度 u。同时，流体在细小颗粒构成的滤饼空隙中的流动属于低雷诺数范围，因此，可利用流体通过固定床压降的简化模型，寻求滤液量与时间的关系，运用层流时泊肃叶（Poiseuille）公式不难推导出速度计算式：

$$u=\frac{1}{K'}\times\frac{\varepsilon^3}{a^2(1-\varepsilon)^2}\times\frac{\Delta p}{\mu L} \tag{2-13}$$

式中 u——过滤速度，m/s；

K'——康采尼（Kozeny）常数，层流时 $K'=5.0$；

ε——床层的空隙率，m^3/m^3；

a——颗粒的比表面积，m^2/m^3；

Δp——过滤的压强差，Pa；

μ——滤液的黏度，Pa·s；

L——床层厚度，m。

由此可导出过滤基本方程式为：

$$\frac{dV}{d\tau}=\frac{A^2\Delta p^{1-s}}{\mu r' v(V+V_e)} \tag{2-14}$$

式中 V——滤液体积，m^3；

τ——过滤时间，s；

A——过滤面积，m^2；

s——滤饼压缩性指数，无量纲，一般情况下 $s=0\sim1$，对不可压缩滤饼 $s=0$；

r'——单位压差下的比阻，m^{-2}，$r'=r/\Delta p^s$；

r——滤饼比阻，m^{-2}，$r=5.0a^2(1-\varepsilon)^2/\varepsilon^3$；

v——滤饼体积与相应滤液体积之比，无量纲；

V_e——虚拟滤液体积，m^3。

恒压过滤时，令 $k=1/(\mu r'v)$，$K=2k\Delta p^{(1-s)}$，$q=V/A$，$q_e=V_e/A$，对式(2-14) 积分可得：

$$(q+q_e)^2=K(\tau+\tau_e) \tag{2-15}$$

式中 q——单位过滤面积的滤液体积，m^3/m^2；

q_e——单位过滤面积的虚拟滤液体积，m^3/m^2；

τ_e——虚拟过滤时间，s；

K——滤饼常数，由物料特性及过滤压差所决定，m^2/s。

K、τ_e、q_e 三者统称过滤常数。利用恒压过滤方程进行计算时，首先必须知道 K、τ_e、q_e，它们只有通过实验才能确定。

对式(2-15) 微分得：

$$2(q+q_e)dq=Kd\tau \tag{2-16}$$

$$\frac{d\tau}{dq}=\frac{2}{K}q+\frac{2}{K}q_e \tag{2-17}$$

该式表明以 $d\tau/dq$ 为纵坐标，以 q 为横坐标作图可得一直线，直线斜率为 $2/K$，截距为 $2q_e/K$。在实验测定中，为便于计算，可用 $\Delta\tau/\Delta q$ 代替 $d\tau/dq$，把式(2-17) 改写成：

$$\frac{\Delta\tau}{\Delta q}=\frac{2}{K}q+\frac{2}{K}q_e \tag{2-18}$$

在恒压条件下，用秒表和量筒分别测定一系列时间间隔 $\Delta\tau_i$ ($i=1,2,3,\cdots\cdots$) 及对应的滤液体积 ΔV_i ($i=1,2,3,\cdots\cdots$)，也可采用计算机软件自动采集一系列时间间隔 $\Delta\tau_i$ ($i=1,2,3,\cdots\cdots$) 及对应的滤液体积 ΔV_i ($i=1,2,3,\cdots\cdots$)，由此算出一系列 $\Delta\tau_i$、Δq_i、q_i 在直角坐标系中绘制$(\Delta\tau/\Delta q)$-q 的函数关系曲线，得一直线。由直线的斜率和截距便可求出 K 和 q_e，再根据 $\tau_e=q_e^2/K$，求出 τ_e。

改变实验所用的过滤压差 Δp，可测得不同的 K 值，由 K 的定义式两边取对数得

$$\lg K=(1-s)\lg(\Delta p)+\lg(2k) \tag{2-19}$$

在实验压差范围内，若 k 为常数，则 $\lg K$-$\lg(\Delta p)$ 的关系在直角坐标系上应是一条直线，直线的斜率为 $(1-s)$，可得滤饼压缩性指数 s，由截距 $[\lg(2k)]$ 可得物料特性常数 k。

三、实验装置与流程

1. 实验装置

过滤实验装置如图 2-10 所示，本实验装置由空气压缩机、配料槽、清水槽、滤液槽、压力料槽、板框压滤机和压力定值调节阀等组成。$CaCO_3$ 的悬浮液在配料桶内配置一定浓度后，利用位差送入压力料槽中，用压缩空气加以搅拌使 $CaCO_3$ 不致沉降，同时利用压缩空气的压力将料浆送入板框压滤机过滤，滤液流入量筒或滤液量自动测量仪计量。

图 2-10　过滤实验装置图

2. 实验流程

板框厚 38mm；每个框过滤面积 $0.024m^2$；框数 2 个。

过滤实验装置流程图如图 2-11 所示；板框压滤机剖视图如图 2-12 所示；过滤过程示意图如图 2-13 所示。

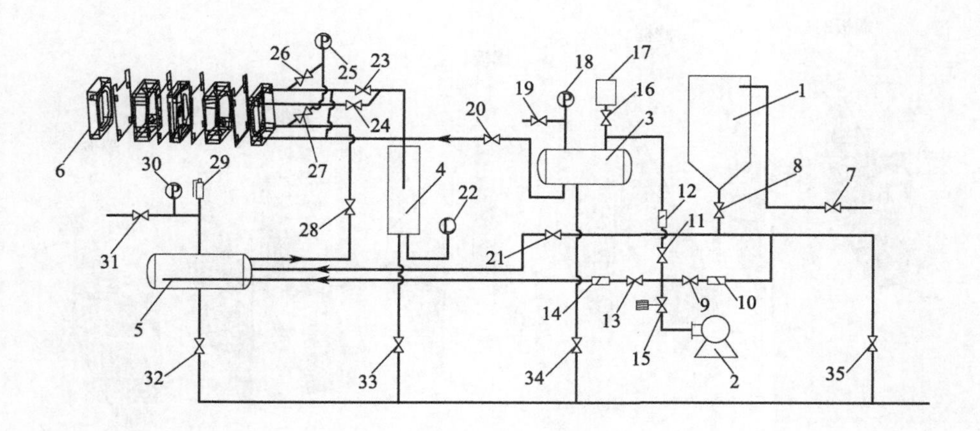

图 2-11　过滤实验装置流程图

1—配料槽；2—空气压缩机；3—清水槽；4—滤液槽；5—压力料槽；6—板框压滤机；7—配料槽进水阀；8—配料槽进气阀；9—配料槽通气阀；10—配料槽通气单向阀；11—清水槽通气阀；12—清水槽通气单向阀；13—压力料槽通气阀；14—压力料槽通气单向阀；15—压力定值调节阀；16—清水槽进水阀；17—清水槽灌水口；18—清水槽压力表；19—清水槽排气阀；20—清水进压滤机阀；21—料浆进压力料槽阀；22—滤液槽液位计；23—滤液出口阀；24—洗液出口阀；25—压滤机入口处压力表；26—洗涤压力测量阀；27—压滤机入口处压力测量阀；28—料浆进压滤机阀；29—压力料槽安全阀；30—压力料槽压力表；31—压力料槽排气阀；32—压力料槽排放阀；33—滤液槽排放阀；34—清水槽排放阀；35—配料槽排放阀

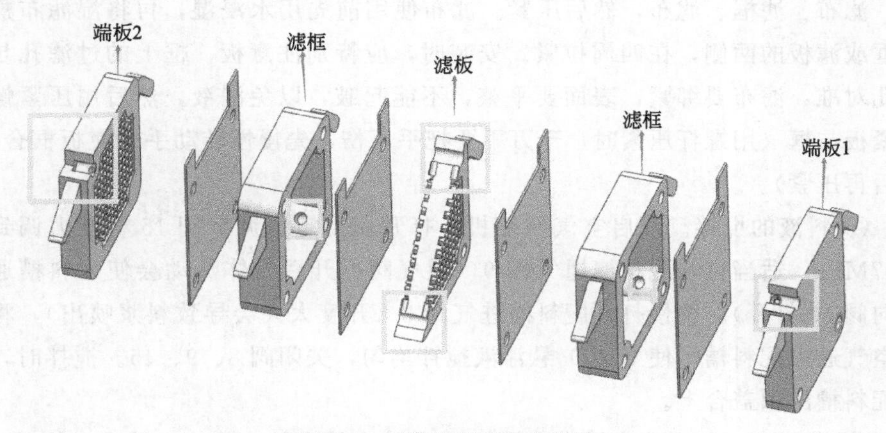

图 2-12　板框压滤机剖视图

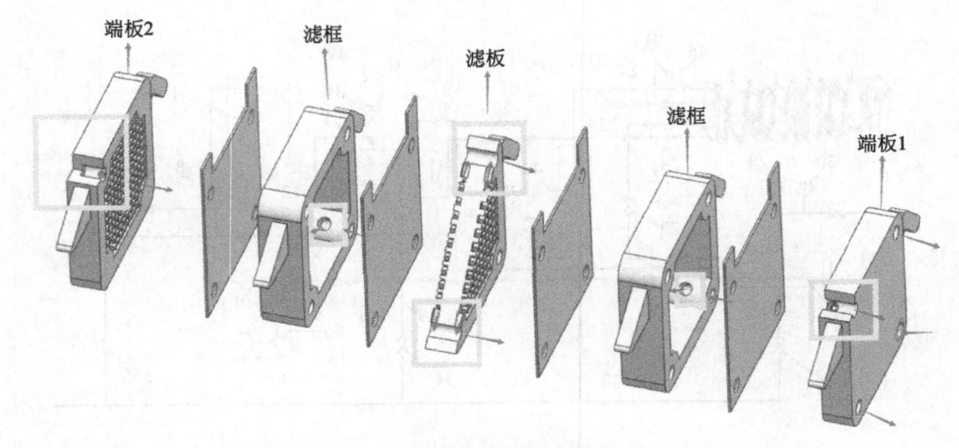

图 2-13 过滤过程示意图

四、实验操作步骤及注意事项

1. 实验步骤

（1）实验准备

① 熟悉实验装置流程，关闭好所有阀门。

② 配料。在配料槽中配制含 $CaCO_3$ 3%～4%（质量分数）左右的水悬浮液。

③ 装板框。正确装好滤板、滤框及滤布，步骤为装滤布、滤框、滤布、滤板、滤布、滤框、滤布，然后压紧。滤布使用前先用水浸湿，再将湿滤布敷在滤框或滤板的两侧，在四周拉紧。安装时，应特别注意板、框上的过滤孔与滤布孔对准，滤布要绑紧，表面要平整，不能起皱，以免漏液，然后用压紧螺杆压紧板与框（用螺杆压紧时，千万不要把手压伤，先慢慢转动手轮使板框合上，然后再压紧）。

④ 料液的搅拌。开启空气压缩机，打开压力定值调节阀 15 将压力调到约 0.07MPa，适当打开配料槽通气阀 9（通气阀打开后气体流动会使配料槽通气单向阀 10 打开），缓慢打开配料槽进气阀 8（开度太大会导致料浆喷出），将压缩空气通入配料槽，使 $CaCO_3$ 悬浮液搅拌均匀，关闭阀 8、9、15。搅拌时，应将配料槽的顶盖合上。

⑤ 灌清水。打开清水槽进水阀 16，向清水槽中加自来水，液面达视镜 2/3 高度左右。灌清水时，应将清水槽排气阀 19 打开。

⑥ 灌料。打开压力料槽排气阀 31，打开料浆进压力料槽阀 21，打开配料槽进气阀 8，使料浆靠重力作用由配料槽流入压力料槽至其视镜 1/2～2/3 处，关闭阀 8、21、31。

(2) 第一次恒压过滤

① 鼓泡。打开压力定值调节阀 15 将压力调到 0.15MPa，打开压力料槽通气阀 13，通压缩空气至压力料槽，使容器内料浆不断地被搅拌，压力料槽排气阀应不断排气（阀 31 保持一定开度），但又不会喷浆。鼓泡完成后，调节压力料槽排气阀 31 的开度，将压力料槽压力调至 0.1MPa。

② 过滤。先打开压滤机入口处压力测量阀 27、滤液出口阀 23 和洗液出口阀 24，再打开料浆进压滤机阀 28，通过调节压力料槽排气阀 31 的开度来控制压力料槽压力恒为 0.1MPa。此时，过滤压力可通过读取压滤机入口处压力表 25 或者压力料槽压力表 30 的数值获得（记录此压力），清液出口流出滤液。从开始有滤液流出作为计时起点，每次用量杯接取相同的滤液量（如 800mL），记录过滤时间 τ 或 $\Delta\tau$（单位 s），测量 8～10 个数即可。

③ 停止实验。关闭料浆进压滤机阀 28 和压力料槽通气阀 13，适当打开压力料槽排气阀 31 排气。

④ 清洗滤框、滤布和滤板，卸下滤板、滤框和滤布，用水清洗干净。

(3) 第二次恒压过滤

① 装板框。清洗干净后重新正确装上滤板、滤框和滤布。

② 鼓泡。调节压力定值调节阀 15 将压力调到 0.3MPa，打开压力料槽通气阀 13，通压缩空气至压力料槽，使容器内料浆不断地被搅拌，压力料槽排气阀应不断排气（阀 31 保持一定开度），但又不会喷浆。鼓泡完成后，调节压力料槽排气阀 31 的开度，将压力料槽压力调至 0.2MPa。（鼓泡前查看压力料槽内剩余料浆是否足够进行一次过滤实验，如果不够，可以先进行灌料。操作过程与第一次过滤相同。）

③ 过滤。除了过滤压力为 0.2MPa（通过调节压力料槽排气阀 31 的开度来控制压力料槽压力恒为 0.2MPa），操作过程与第一次过滤相同，记录 8～10 组数据。

④ 停止实验。待过滤速度很慢时，关闭料浆进压滤机阀 28，关闭压力料槽通气阀 13，关闭压力料槽排气阀 31。

(4) 反洗

① 关闭压滤机入口处压力测量阀 27。

② 打开清水槽通气阀 11，向清水槽通气，清水槽排气阀 19 保持一定开度。

③ 关闭料浆进压滤机阀 28，关闭滤液出口阀 23。

④ 打开清水进压滤机阀 20，对滤饼进行洗涤，洗涤液流入滤液槽。

⑤ 打开洗涤压力测量阀 26（此时压力表 25 指示洗涤压力）。

⑥ 清洗管路完毕后，关闭清水槽通气阀 11，停止向清水槽通气，打开清水槽排气阀 19，调节压力定值调节阀 15 将压力调至零。

(5) 实验结束

① 先关闭空气压缩机出口球阀，关闭空气压缩机电源。

② 打开清水槽排气阀 19 使清水槽泄压。

③ 打开料浆进压力料槽阀 21，缓慢打开配料槽进气阀 8，将压力料槽内物料反压到配料槽内备下次实验使用，或打开压力料槽排气阀 31 排气，将配料槽、压力料槽物料直接排放后用清水清洗。

④ 卸下滤板、滤框和滤布并用水清洗干净。

2. 注意事项

（1）搅拌料浆时，配料槽进气阀 8 要缓慢打开，防止气压过大料浆喷出。

（2）装配板框时要注意板框的摆放顺序和方向。

（3）滤布应先湿透，安装时避免对流道有遮挡。

（4）过滤操作时应注意压力的恒定控制。

五、实验数据记录与处理

（1）在直角坐标纸绘制 $(\Delta\tau/\Delta q)$-q 关系曲线，由恒压过滤实验数据求过滤常数 K、q_e、τ_e。

（2）比较几种压差下的 K、q_e、τ_e 值，讨论压差变化对以上参数值的影响。

（3）在直角坐标纸上绘制 $\lg K$-$\lg(\Delta p)$ 关系曲线，求出 s 及 k。

实验数据记录及数据处理见表 2-11、表 2-12。

表 2-11　恒压过滤常数测定实验数据记录表

实验序号	压力 p_1= ___ MPa		压力 p_2= ___ MPa	
	滤液量/mL	时间/s	滤液量/mL	时间/s
1				
2				
3				
4				

续表

实验序号	压力 p_1= ___MPa		压力 p_2= ___MPa	
	滤液量/mL	时间/s	滤液量/mL	时间/s
5				
6				
7				
8				

表 2-12 恒压过滤常数测定实验数据处理表

实验序号	Δp= ___MPa			Δp= ___MPa		
	Δq /(m^3/m^2)	$\Delta\tau/\Delta q$ /($s\cdot m^3/m^2$)	q /(m^3/m^2)	Δq /(m^3/m^2)	$\Delta\tau/\Delta q$ /($s\cdot m^3/m^2$)	q /(m^3/m^2)
1						
2						
3						
4						
5						
6						
7						
8						
9						
$K/(m^2/s)$						
q_e						
τ_e						
$\lg K$						
$\lg\Delta p$						
压缩性指数 s=						

六、思考题

1. 讨论在本实验的情况下如何提高压滤机的生产能力。

2. 影响过滤速率的主要因素有哪些？

3. 当操作压强增加一倍，其 K 值是否也增加一倍？要得到同样的过滤液，其过滤时间是否缩短了一半？

4. 滤浆浓度和操作压强对过滤常数 K 值有何影响？

5. 为什么过滤开始时，滤液常常有点浑浊，而过段时间后才变清？

6. 随着过滤的进行，为什么所得滤液量越来越少？

第六节 传热实验

一、实验目的及任务

1. 了解列管换热器的结构。
2. 掌握列管换热器单管路、串联管路、并联管路操作。
3. 测定水在列管换热器内换热时的总传热系数。
4. 掌握热电阻测温方法。

二、实验原理

在列管换热器中，热水走管程，冷水走壳程，因存在温差，冷热流体间会进行传热。在传热过程达到稳定后，有如下关系式：

$$Q=q_{m热}C_{p热}(T_{进}-T_{出})=q_{m冷}C_{p冷}(t_{出}-t_{进})=KA\Delta t_{m} \tag{2-20}$$

式中 Q——传热量，W；

$q_{m冷}$，$q_{m热}$——冷、热流体的质量流量，kg/s；

$C_{p冷}$，$C_{p热}$——冷、热流体的平均比热容，J/(kg·K)；

$t_{进}$，$t_{出}$，$T_{进}$，$T_{出}$——冷、热流体的进出口温度，K；

K——总传热系数，W/(m^2·K)；

A——内管的传热面积，m^2；

Δt_m——平均温差，K。

$$\Delta t_{逆}=\frac{\Delta t_2-\Delta t_1}{\ln\dfrac{\Delta t_2}{\Delta t_1}}=\frac{(T_{进}-t_{出})-(T_{出}-t_{进})}{\ln\dfrac{T_{进}-t_{出}}{T_{出}-t_{进}}} \tag{2-21}$$

$$\Delta t_m=\Delta t_{逆} \tag{2-22}$$

由于实验中存在误差，热交换器的换热量以冷流体实际获得的热能测算：

$$Q=m_{冷}C_{p冷}(t_{出}-t_{进})=q_V\rho C_{p冷}(t_{出}-t_{进}) \tag{2-23}$$

式中 q_V——冷流体体积流量，m^3/s；

ρ——冷流体密度，kg/m^3；

所以有：$q_V\rho C_{p冷}(t_{出}-t_{进})=KA\Delta t_m$

若能测得冷流体的 q_V、$t_{出}$、$t_{进}$，内管的换热面积 A，以及计算出 Δt_m，就能通过上式计算实测的冷流体在管内的总传热系数 K。

三、实验装置与流程

1. 装置流程

本实验装置由泵、加热水箱、转子流量计、列管换热器及温度传感器等构成。其实验装置如图 2-14 所示。

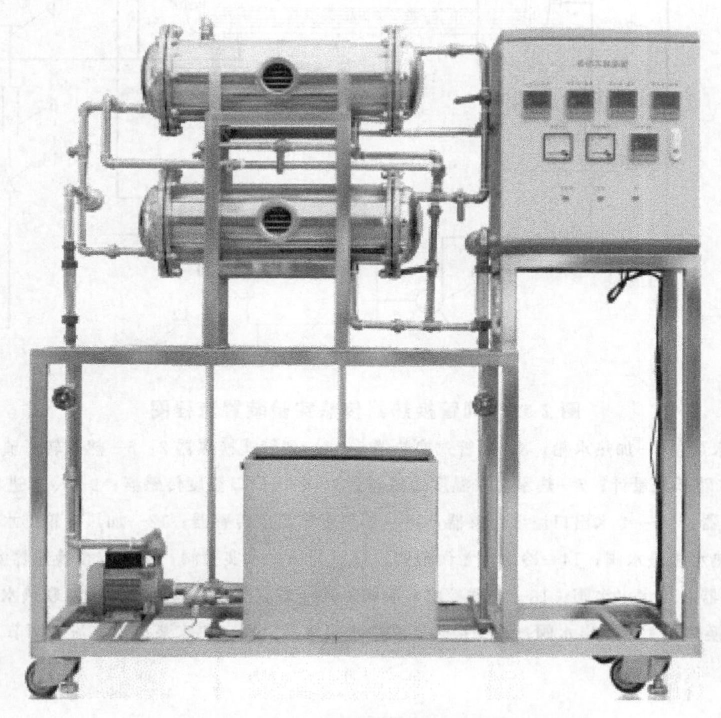

图 2-14　列管换热器传热实验装置图

2. 实验流程及设备规格

① 内管规格：直径 ϕ10mm×1mm，长度 L＝600mm，109 根。

② 列管外管规格：直径 ϕ219mm×1mm，长度 L＝600mm。

③ 水泵：PUM-200EH，流量 80 L/min，扬程 15m，功率 400W。

④ 温度计规格：Pt-100 铂电阻。

⑤ 热水转子流量计：40～400L/h；冷水转子流量计：16～160L/h。

列管换热器传热实验装置流程图如图 2-15 所示。

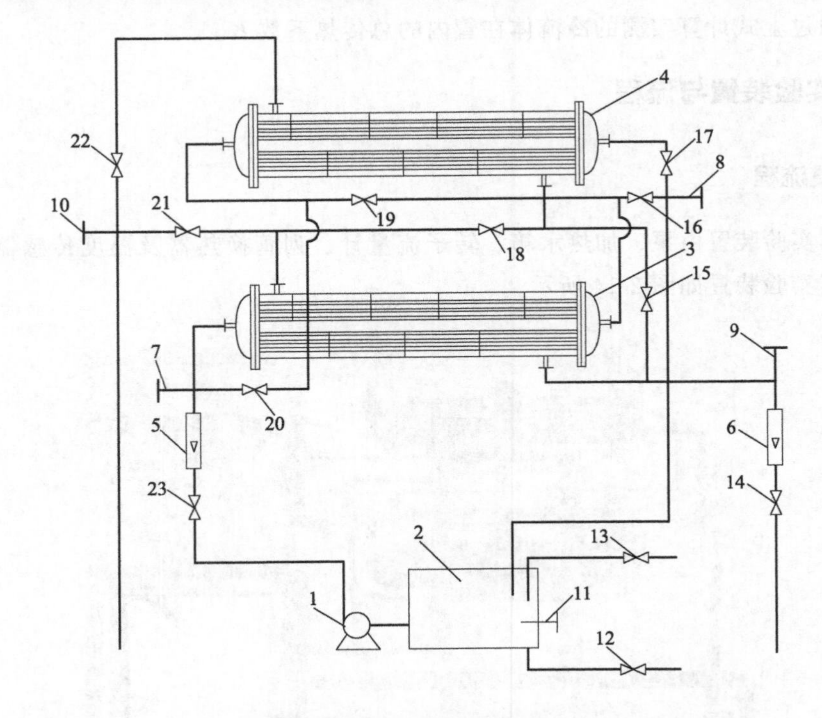

图 2-15　列管换热器传热实验装置流程图

1—热水泵；2—加热水箱；3—列管式换热器 1；4—列管式换热器 2；5—热水转子流量计；6—冷水转子流量计；7—热水进口温度传感器；8—热水出口温度传感器；9—冷水进口温度传感器；10—冷水出口温度传感器；11—加热水箱温度传感器；12—加热水箱排水阀；13—加热水箱进水阀；14—冷水流量调节阀；15—并联冷水实验阀；16—单个换热器实验阀；17—换热器 2 热水出水阀；18—串联冷水实验阀；19—串联热水实验阀；20—并联热水实验阀；21—换热器 1 冷水出水阀；22—换热器 2 冷水出水阀；23—热水泵出口（流量调节）阀

四、实验操作步骤及注意事项

1. 实验步骤

实验前，先熟悉实验流程及换热器结构、原理、使用方法及注意事项；熟悉换热器单台及两台的串联、并联流程。实验操作步骤如下：

(1) 单个换热器传热实验步骤

① 在控制柜面板上打开总电源开关，实验前阀门都关闭。

② 打开加热开关，加热控温出厂前已设定为60℃，加热水箱里的水。

③ 打开阀16、21。

④ 热水温度恒定后，按下泵启动按钮启动热水泵，打开热水泵出口阀23，输送热水进换热器，调节流量至一定值（通常取250L/h)。

⑤ 待热水循环一段时间后，打开自来水开关，打开冷水流量调节阀14，选择合适的流量通入一定量冷水（通常取100L/h)。

⑥ 观察进、出口温度的变化，待冷、热水流量和温度稳定后，读取冷、热水流量和冷、热水进口与出口温度。

⑦ 维持热流体流量不变，通过转子流量计调节冷水流量，测定相应数据。

⑧ 实验完毕关闭泵开关，停泵，关闭自来水开关，关闭阀16、21。

(2) 换热器串联传热实验步骤

① 加热水箱里的水至60℃恒定。加热的同时，打开阀18、22，打开自来水开关，调节冷水流量调节阀14将流量调至最大，向换热器2中进冷水，从视镜中观察水位，待冷水充满换热器2后，关闭自来水开关。

② 当水箱里的水加热至60℃以后，打开阀17、19，按下泵启动按钮启动热水泵，输送热水进换热器，通过调节热水泵出口阀23调节流量至一定值（通常取250L/h)。

③ 待热水循环一段时间后，打开自来水开关，调节冷水流量调节阀14选择合适的冷水流量（通常取100L/h)。

④ 观察进、出口温度的变化，待冷、热水流量和温度稳定后，读取冷、热水流量和冷、热水进、出口温度。

⑤ 维持热流体流量不变，调节冷水流量，测定相应数据。

⑥ 实验完毕，关闭泵开关，停泵，关闭自来水开关，关闭阀17、18、19、22。

(3) 换热器并联传热实验步骤

① 加热水箱里的水至60℃恒定。

② 打开阀15、16、17、20、21、22。

③ 按下泵启动按钮启动热水泵，输送热水进换热器，通过调节热水泵出口阀23调节流量至一定值（通常取250L/h)。

④ 待热水循环一段时间后，打开自来水开关，通过调节冷水流量调节阀14，选择合适的冷水流量（通常取100L/h)。

⑤ 观察进、出口温度的变化，待冷、热水流量和温度稳定后，读取冷、热水流量和冷、热水进口与出口温度。

⑥ 维持热流体流量不变，调节冷水流量，测定相应数据。

⑦ 实验结束，先关闭加热电源，再关闭热水泵，关闭阀 16、17、20。

⑧ 让冷流体继续流动，冷却一段时间后再关闭自来水开关，关闭阀 15、21、22，关闭总电源开关。

2. 注意事项

（1）测定各参数时，必须是在稳定传热状态下，每组数据应重复 2～3 次，确认数据的稳定性、重复性和可靠性。

（2）水箱和热水管路温度比较高，注意不要被烫伤。

五、实验数据记录与处理

1. 将各流量下的冷、热流体流量和进出口温度记录填入表 2-13。

2. 计算不同换热操作条件下总传热系数并填入表 2-14，并写出以任意一组实验数据为例的计算过程。

3. 比较流体流量变化对总传热系数的影响，分析变化规律。

表 2-13　传热实验原始数据记录表

序号		热流体			冷流体		
		流量/(L/h)	温度/℃		流量/(L/h)	温度/℃	
			$T_{进}$	$T_{出}$		$t_{进}$	$t_{出}$
单管	1						
	2						
串联	1						
	2						
并联	1						
	2						

表 2-14　传热实验数据计算结果表

序号		Q/W	$\Delta t_{逆}$/K	K/[W/(m²·K)]	平均传热系数 K/[W/(m²·K)]
单管	1				
	2				
串联	1				
	2				
并联	1				
	2				

六、思考题

1. 实验误差主要来自哪几方面？
2. 影响总传热系数的因素有哪些？
3. 可以采取哪些措施提高列管式换热器的换热效果？

第七节　吸收实验

一、实验目的及任务

1. 了解填料塔吸收装置的基本结构与流程。
2. 掌握总体积传质系数的测定方法。
3. 测定填料塔的流体力学性能。
4. 了解气体空塔速度和液体喷淋密度对总体积传质系数的影响。
5. 了解采用气相色谱仪和六通阀在线检测 CO_2 浓度的方法。

二、实验原理

气体吸收是典型的传质过程之一。气体吸收过程是利用气体中各组分在同一种液体（溶剂）中溶解度的差异而实现组分分离的过程。能溶解于溶剂的组分为吸收质或溶质 A，不溶解的组分为惰性气体或载体 B，吸收时采用的溶剂为吸收剂 S。由于 CO_2 气体无味、无毒、价廉，所以本实验选择 CO_2 作为溶质组分，采用水吸收空气中的 CO_2 组分。

1. 填料塔流体力学性能的测定

气体在填料层内的流动一般处于湍流状态。在干填料层内，气体通过填料层的压降与流速（或风量）成正比。当气液两相逆流流动时，液膜占去了部分气体流动的空间。在相同的气体流量下，填料空隙间的实际气速有所增大，压降也有所增大。同理，在气体流量相同的情况下，液体流量越大，液膜越厚，填料空间越小，压降也越大。因此，当气液两相逆流流动时，气体通过湿填料层的压降要比干填料层大。

图 2-16 为填料塔压降与空塔气速的关系曲线。当气液两相逆流流动时，低气速操作时，膜厚随气量变化不大，液膜增厚所造成的附加压降并不显著，此

时压降曲线基本与干填料层的压降曲线（aa'）平行。当气速提高到一定值时，由于液膜增厚对压降影响显著，此时压降曲线开始变陡，该点称为载点（c 点）。实验中可以根据一些明显的现象判断出载点。自载点开始，必须要考虑气液两相流动的相互影响。自载点以后，气液两相的交互作用越来越强，当气液流量达到一定值时，将出现液泛现象，在压降曲线上压降急剧升高，此点称为泛点（d 点）。本实验采用某一固定水量下，测出不同风量下的压降，通过作图找出载点和泛点。

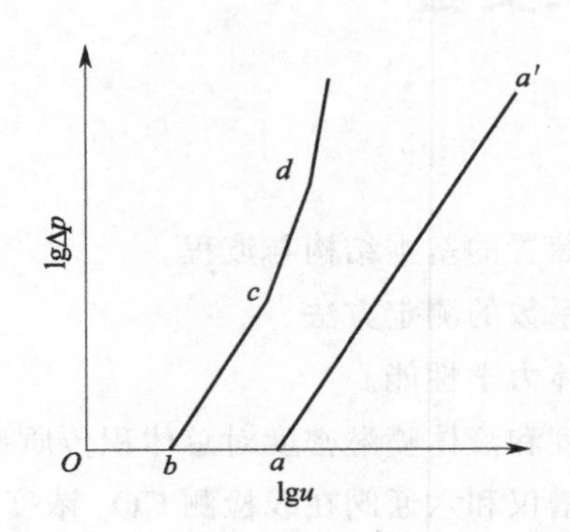

图 2-16　填料塔压降与空塔气速关系曲线

对本实验装置，为避免由液泛导致测压管线进水，更为严重的是要防止取样管线进水，对色谱仪造成损坏，因此，只要观察到塔内明显出现液泛（一般在最上面的填料表面先出现液泛，液泛开始时，上面填料层开始积聚液体），即刻调小风量，以免上述管线进水。实验的风量采用气体流量计测定，可直接读取 q_0，单位为 L/min、m^3/h 等。全塔压差通过 U 形管可直接读取 p_2，单位为 Pa。

2. 体积传质系数的测定

对于用水吸收空气中的 CO_2，在常温、常压下，由于亨利常数很大，溶解度很小。可知 CO_2 属于难溶气体，吸收属于液膜控制。因此，在本实验过程中，只对某一气量下，进行不同喷淋密度下吸收系数的测定。

根据吸收速率方程［条件：K_{xa} 为常数，等温，低吸收率（或低浓度、难溶等)］：

$$K_{xa}=\frac{L}{H_{OL}a} \tag{2-24}$$

式中　K_{xa}——填料塔液相体积传质系数，kmol CO_2/(m^3·h)；

a——填料塔的塔截面积，m^2；

L——液相摩尔流率，kmol/h。

$$H_{OL}=\frac{H}{N_{OL}} \tag{2-25}$$

式中　H_{OL}——传质单元高度，m；

H——塔高，m；

N_{OL}——传质单元数。

$$N_{OL}=\frac{1}{1-A}\ln\left[(1-A)\frac{y_1-mx_2}{y_1-mx_1}+A\right] \tag{2-26}$$

式中　A——吸收因数，$A=L/(mG)$，$m=E/p_a$；

E——亨利系数，可以根据水温查得；

p——大气压；

G——空气摩尔流率，kmol/h；

y_1——塔底气相物质的量浓度；

x_1——塔底液相物质的量浓度；

x_2——塔顶液相物质的量浓度，$x_2=0$。

x_1、L_s、G 的计算：水流量 q_s、混合气体流量 q_1、水温 t_2、气温 t_1 和气压 p_1 可直接测出，y_1 和 y_2 可由色谱直接读出。

$$L_s=\frac{q_s\rho_s}{M_s} \tag{2-27}$$

式中　L_s——水摩尔流率，kmol/h；

q_s——水的流量，m^3/h；

ρ_s——水的密度，kg/m^3，可根据水温查出；

M_s——水的摩尔质量，g/mol，取 18g/mol。

$$G=\frac{q_1\times 273.15}{(273.15+t_1)\times 22.4} \tag{2-28}$$

式中　q_1——混合气的流量，m^3/h。

由全塔物料衡算：

$$L_s(x_1-x_2)=G(y_1-y_2) \tag{2-29}$$

锁定 $x_2=0$，则可计算出 x_1。

三、实验装置与流程

1. 装置流程

本实验是在填料塔中采用水吸收空气-CO_2混合气中的CO_2，以测定填料吸收塔的流体力学性能和体积传质系数，实验装置和流程分别如图2-17和图2-18所示。

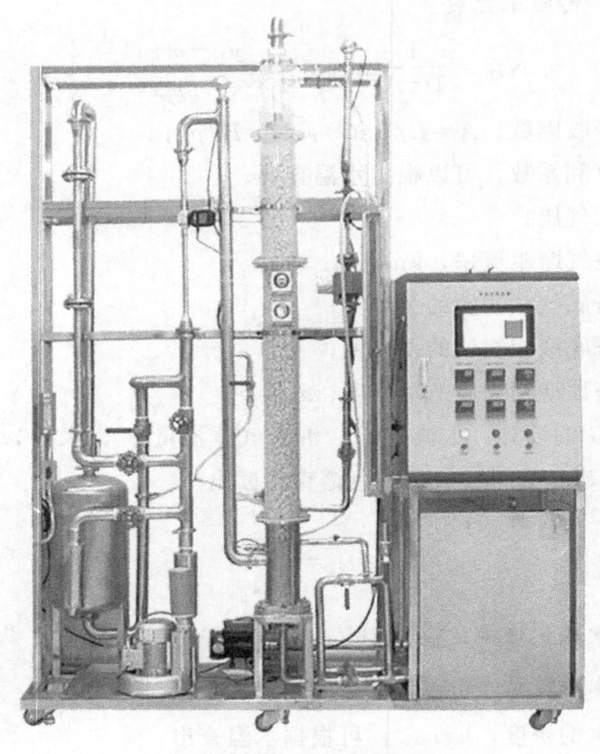

图2-17 吸收实验装置图

水经电磁流量计被输送到填料塔塔顶，再经喷淋头喷淋在填料顶层。空气由风机传送，经转子流量计与来自钢瓶的CO_2经静态混合器混合后，一起进入气体混合罐，然后经气体质量流量计后进入填料吸收塔底部（或者空气由风机直接经过气体质量流量计送入到吸收塔底部），与塔顶喷淋下来的吸收剂（水）逆流接触吸收，进行质量和热量的交换，尾气由塔顶排出放空。由于本实验为低浓度气体的吸收，所以热量交换可以忽略，整个实验过程可看作等温吸收过程。

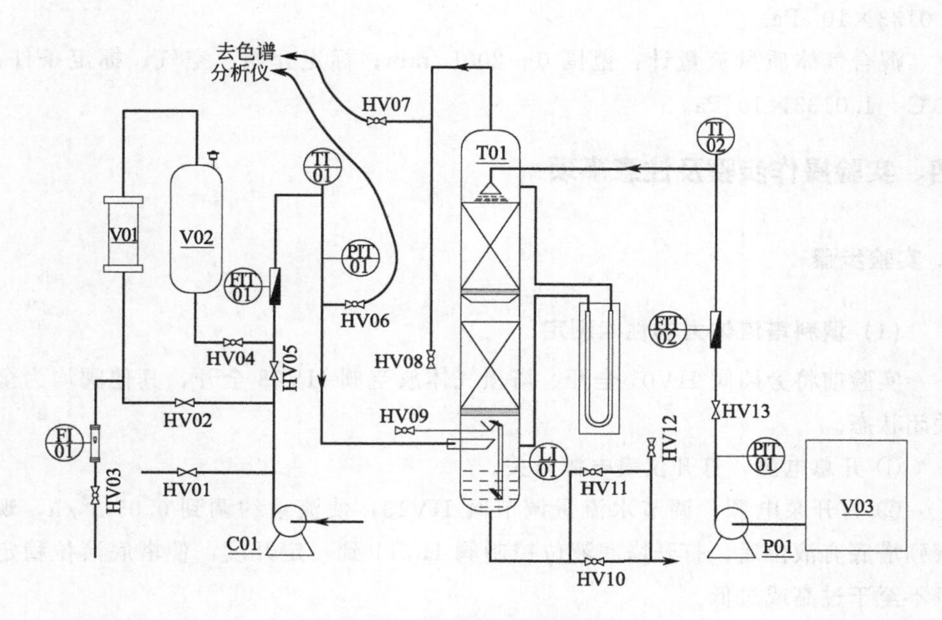

图 2-18　吸收实验装置流程图

C01—风机；P01—离心泵；V01—CO_2 钢瓶；V02—混合气稳压罐；V03—水箱；
T01—吸收塔；FI01—CO_2 气体转子流量计；FIT01—混合气体流量计；FIT02—水流量计；
TI01—混合气体温度传感器；TI02—水温度传感器；LI01—液位计；HV01—旁路阀；
HV02—混合气流量调节阀；HV03—CO_2 进气阀；HV04—混合罐出口阀；
HV05—空气流量调节阀；HV06—进塔气体取样阀；HV07—出塔气体取样阀；
HV08—塔顶气体放空阀；HV09—塔底液体取样阀；HV10—塔底排水阀；
HV11—塔底液位控制阀；HV12—塔底放空阀；HV13—水流量调节阀

2. 主要设备

(1) 吸收塔

高效填料塔，塔内径 120mm，塔内装有陶瓷拉西环填料，吸收塔填料总高度 1500mm。塔底部有填料支撑装置，填料塔底部有液封装置，以避免气体泄漏。填料规格和特性：陶瓷拉西环填料，填料尺寸 10mm×10mm×1.5mm，比表面积 $750m^2/m^3$。

(2) 流量计

CO_2 转子流量计：范围 40～400L/h；标定介质：CO_2；标定条件：20℃，1.0133×10^5 Pa。

水电磁流量计：范围 100～1000L/h；标定介质：水；标定条件：20℃，

1.0133×10^5 Pa。

混合气体质量流量计：范围 0～200L/min；标定介质：空气；标定条件：20℃，1.0133×10^5Pa。

四、实验操作步骤及注意事项

1. 实验步骤

(1) 填料塔流体力学性能测定

实验前将旁路阀 HV01 全开，塔顶气体放空阀 HV08 全开，其他阀均为全关闭状态。

① 开总电源，打开仪表电源开关。

② 打开泵电源，调节水流量调节阀 HV13，使流量约调到 0.05m³/h，观察到塔底有液位后，打开塔底液位控制阀 HV11 到一定开度，使塔底液位稳定且不至于过高或过低。

③ 启动风机，开启空气流量调节阀 HV05（同时适当关小旁路阀 HV01），调节风量从小到大，观察压差计内压差。风量每次调节至稳定后，分别记录不同风量下的全塔压差 p_2。

④ 分别将水量稳定在 0.05m³/h、0.08m³/h、0.1m³/h、0m³/h，重复第③步，注意出现液泛现象时，应及时调小风量。

⑤ 全开旁路阀 HV01，关闭水流量调节阀 HV13、空气流量调节阀 HV05，停泵，停风机，使设备复原。

(2) 体积传质系数的测定

实验前检查阀门，旁路阀 HV01 全开，混合罐出口阀 HV04 全开，将转子流量计旋钮半开（转子流量计旋钮不可全开，更不能全关。全开容易造成气压太低，气量受塔内水量变化影响较大，不容易保证气量的正常流动；而此阀若全关，极易造成流量计前憋压而使连接软管脱落），其他阀门全关。另外，本实验适合在小风量下进行，这里采用小风量有两个原因：一是风量大，液量变化范围受限制，液量大很容易造成液泛，影响实验数据点数量；二是风量大，CO_2 的用量也随着消耗大增，缩短 CO_2 气瓶的使用时间，但主要原因还是实验点受限制。

① 开启水流量调节阀 HV13，使流量约调到 0.05m³/h。

② 打开 CO_2 钢瓶总阀，微开减压阀，打开 CO_2 进气阀，可微微调节转子流量计旋钮使 CO_2 流量在 40～400L/h，实验过程中维持此流量不变。

特别提示：由于从钢瓶中经减压释放出来的CO_2，流量需要一定稳定时间，因此最好将此步骤提前半个小时进行，约半个小时后，CO_2 流量可以达到稳定，然后再开水。

③ 启动风机，开启混合气流量调节阀 HV02（或适当关小旁路阀 HV01），调节风量到预定值 16～25L/min（即 1～1.5m^3/h）。

④ 至少稳定 5min 后，取进出口气样分析。一般情况下，在维持进口风量和 CO_2 流量不变情况下，进口组成只取一次即可。而出口组成则随水量改变而改变。

⑤ 依次改变水量 0.08m^3/h、0.1m^3/h，至少稳定 5min 后可只取出口样分析。

⑥ 实验完毕后，先关 CO_2 钢瓶总阀，顺时针旋转减压阀，等第一个压力表压力为 0 时，再逆时针旋转减压阀，观察到减压阀压力为 0 时，再顺时针旋转减压阀。关 CO_2 进气阀 HV03；关水流量调节阀 HV13，关闭泵；关闭混合气流量调节阀 HV02，关闭风机；关总电源。

2. 注意事项

（1）实验前要将塔顶气体放空阀 HV08 打开。

（2）在操作时，一定要注意液泛的发生，若测压管线进水应拔掉管插头放出水。特别注意，进样管和取样管内不得有水，否则可能损坏色谱仪。

（3）固定好操作点后，应随时注意调整以保持各流量不变，时刻注意观察吸收塔下部液位变化情况，控制水位低于进气管下管面。

（4）改变操作条件后，填料塔需要较长时间才能稳定，因此，需待吸收塔稳定后再读取相关数据。

（5）若长时间不使用装置，需打开塔底排水阀 HV10 放净吸收塔下部水封和水箱中的水。

五、实验数据记录与处理

1. 按表 2-15 和表 2-16 记录实验数据，并写出一组数据处理的计算过程示例。

2. 在双对数坐标上绘出不同水量下的流体力学性能［$\lg(\Delta p/z)$-$\lg u$ 曲线］，找出规律和载点。

3. 计算不同条件下的填料吸收塔的液相体积总传质系数。填料层高度（z）1.5m；塔径 0.12m。

表 2-15　流体力学数据测定记录与处理

空气流量/(L/min)	U形管压差计		压差 Δp/Pa	气速 u/(m/s)	$\lg(\Delta p/z)$	$\lg u$
水量= 50L/h						
空气流量/(L/min)	左/mm	右/mm	压差 Δp/Pa	气速 u/(m/s)	$\lg(\Delta p/z)$	$\lg u$
水量= 80L/h						
空气流量/(L/min)	U形管压差计 左/mm	U形管压差计 右/mm	压差 Δp/Pa	气速 u/(m/s)	$\lg(\Delta p/z)$	$\lg u$
水量= 100L/h						
空气流量/(L/min)	U形管压差计 左/mm	U形管压差计 右/mm	压差 Δp/Pa	气速 u/(m/s)	$\lg(\Delta p/z)$	$\lg u$
水量= 0L/h						
空气流量/(L/min)	U形管压差计 左/mm	U形管压差计 右/mm	压差 Δp/Pa	气速 u/(m/s)	$\lg(\Delta p/z)$	$\lg u$

表 2-16 传质系数测定数据记录与处理

水密度：____m^3/h(根据水温查得)　空气密度：____m^3/h(根据气温查得)
亨利系数 E：____kPa(根据水温查得)　大气压：____kPa

序号	混合气流量/(L/min)	水流量/(m^3/h)	y_1	y_2	气温/℃	液温/℃	N_{OL}	H_{OL}/m	K_{xa}/[kmol/(m^3 · h)]
1									
2									
3									
…									

六、思考题

1. 本实验中，为什么塔底要有液封？液封高度如何确定？

2. 测定 K_{xa} 有什么工程意义？

3. 根据实验数据分析水吸收 CO_2 的过程是气膜控制还是液膜控制？

4. 液泛的特征是什么？本装置的液泛现象是从塔顶部开始还是从塔底部开始？如何确定液泛气速？

5. 试分析空塔气速和喷淋密度这两个因素对吸收系数的影响。在本实验中，哪个因素是主要的？为什么？

6. 要提高吸收液的浓度有什么办法（不改变进气浓度）？同时会带来什么问题？

附　　录

1. CO_2 在水中的亨利系数(表 2-17)

表 2-17　CO_2 在水中的亨利系数

温度/℃	0	5	10	15	20	25	30	35	40	45	50	60
亨利系数/(× 10^{-5}kPa)	0.738	0.888	1.05	1.24	1.44	1.66	1.88	2.12	2.36	2.60	2.87	3.46

2. 热导检测器(TCD)的操作规程

(1) 开机步骤

① 打开气源。一般用氢气发生器或者氢气钢瓶当作气源，氢气发生器相对

安全，使用氢气发生器时，调整压力在 0.4MPa，氢气流量为 50～60L/min。

② 检查压力表是否有数值，只要压力表的数值不为零就不需要调节，如果数值为零可以调节旋钮至一定压力。

③ 打开热导检测器电源。

④ 将柱箱温度设置为开；将进样 1 温度设置为开；将热导池的温度设置为开。

⑤ 等待温度升至设定值。

⑥ 打开桥流（桥流已设置为 90V）。

⑦ 在电脑上打开在线工作站，打开通道 2。

⑧ 点击“查看基线”，若基线不在零附近（或者看不到基线），可以通过调节调零旋钮将基线调至零附近至可以看到基线。

（2）检测样品步骤

① 待气量稳定后，打开装置取样阀，将色谱仪上的六通阀开关拨向取样，将出气管线插入水面以下，观察是否有气泡冒出（若没有气泡冒出，则将塔顶气体放空阀关闭，待取完样品后再将塔顶气体放空阀打开），待气体将定量管路充满以后，将取样阀拨向进样，同时按下通道 2 的通讯开关。

② 在电脑上观察色谱曲线，出现两个峰以后点击“停止采集”。点击“预览”，点击窗口左边的放大按钮，可以查看测得的混合气体含量。

（3）关机步骤

① 样品检测完毕后，将柱箱温度设置为关；将进样 1 温度设置为关；将热导池的温度设置为关，等待降温。

② 关闭桥流。

③ 待热导池温度下降至 50℃以后，关闭热导检测器电源。

④ 关闭氢气发生器。

特别提醒：热导检测器开机时，需先打开气源，再打开电源开关；关机时，应先关加热、关桥流，等待降温，再关电源，最后关气源。

第八节 精馏实验

一、实验目的及任务

1. 熟悉精馏塔的基本结构及流程。

2. 掌握全回流时板式精馏塔的全塔效率、单板效率的测定方法。

3. 掌握精馏实验的操作以及乙醇浓度的测定方法。

4. 学会部分回流时板式精馏塔的全板效率、单板效率的测定方法。

二、实验原理

蒸馏是利用液体中各组分挥发性的差异，常用于分离液体混合物的一种单元操作。在化工生产中我们把含有多次部分汽化与冷凝且有回流的蒸馏操作称为精馏。本实验采用乙醇-水体系，在全回流状态下测定板式精馏塔的全塔效率 E_T、单板效率 E_M。

1. 全塔效率 E_T

全塔效率 $E_T=N_T/N_P$，其中 N_T 为塔内所需理论板数，N_P 为塔内实际板数。板式塔内各层塔板上的气液相接触效率并不相同，全塔效率简单反映了塔内塔板的平均效率，它反映了塔板结构、物系性质、操作状况对塔分离能力的影响，一般由实验测定。对于二元物系，已知其气液平衡数据，当板式精馏塔处于全回流稳定状态时，取塔顶产品样分析得 x_D，取塔底产品样分析得 x_W，用作图法求出 N_T，本实验装置实际塔板数 $N_P=16$（不包括再沸器），可求出全塔效率 E_T。

2. 单板效率 E_M

全塔效率只是反映了塔内全部塔板的平均效率，也叫总板效率，但它不能反映具体每一块塔板的效率。单板效率是指气相或液相经过一层实际塔板前后的组成变化与经过一层理论塔板前后的组成变化的比值。单板效率有两种表示方法，一种是用经过某塔板的气相浓度变化来表示的单板效率，称为气相默弗里单板效率 E_{mV}，计算公式如下：

$$E_{mV}=\frac{y_n-y_{n+1}}{y_n^*-y_{n+1}} \tag{2-30}$$

式中 y_n——离开第 n 块板的气相组成；

y_{n+1}——离开第（$n+1$）块板、到达第 n 块板的气相组成；

y_n^*——与离开第 n 块板液相组成 x_n 成平衡关系的气相组成。

以上气、液相组成均为摩尔分数。

因此，只要测出 x_n、y_n、y_{n+1}，通过平衡关系由 x_n 计算出 y_n^*，则可计算出气相默弗里单板效率 E_{mV}。例如在实验中，可以采集离开第10块塔板的气相组成和离开第 9 块到达第 10 块塔板的气相组成，以及第 10 块塔板的液相组成。

单板效率的另一种表示方法是经过某块塔板的液相浓度的变化，称为液相默弗里单板效率，计算公式如下：

$$E_{mL}=\frac{x_{n-1}-x_n}{x_{n-1}-x_n^*} \tag{2-31}$$

式中 x_{n-1}——离开第（$n-1$）块板到达第 n 块板的液相组成；

x_n——离开第 n 块板的液相组成；

x_n^*——与离开第 n 块板的气相组成成平衡关系的液相组成。

以上气、液相组成均为摩尔分数。

因此，只要测出 x_{n-1}、x_n、y_n，通过相平衡关系由 y_n 计算出 x_n^*，则可计算出液相默弗里单板效率 E_{mL}，全回流时，$y_n=x_{n-1}$。

三、实验装置与流程

1. 实验装置

不锈钢筛板塔结构参数：塔内径 $D_{内}=70$mm；实际塔板数 $N_P=16$ 块；板间距 $H_T=62$mm；塔板孔径 1.6mm；开孔率 3.2%。

塔身视盅：第 6 和第 7 块塔板间 1 个，高温玻璃材质。

进料板：第 5、第 7 块塔板。

取样口：第 10 块塔板进行液相取样，离开第 10 块塔板进行气相取样，离开第 9 块到达第 10 块塔板进行气相取样。

塔釜（7L），最高加热温度 400℃，加热额定功率为 3.0kW，转子流量计调节进料量，两路加料口；7 个铂电阻测量温度，7 只温度计显示仪表，从上到下分别显示冷凝水入口温度、塔顶温度、灵敏板温度、进样温度Ⅰ、进样温度Ⅱ、塔釜温度、进料罐温度。

回流比由回流转子流量计和馏出转子流量计控制。回流转子流量计量程：10～100mL/min；馏出转子流量计量程：6～60mL/min。

精馏实验装置图如图 2-19 所示。

2. 实验流程

精馏实验装置流程图如图 2-20 所示。

图 2-19 精馏实验装置图

冷凝水经转子流量计 1 计量后进入塔顶冷凝器（E101）的底部，然后从上部流出。由塔釜再沸器（E102）产生的蒸汽穿过塔内的塔板后到达塔顶，蒸汽全凝后变成冷凝液经冷凝液缓冲罐（V101），再由回流泵送入两个流量计（控制回流比），一部分冷凝液经回流转子流量计回流进塔，另一部分冷凝液经馏出转子流量计作为塔顶产品去产品罐（V102）。原料液从原料罐（V104）由进料泵（P101）输送至塔的侧线进料口。塔釜液体量较多时，电磁阀 16 会启动工作，釜液就会自动由塔釜进入釜液罐（V103）。

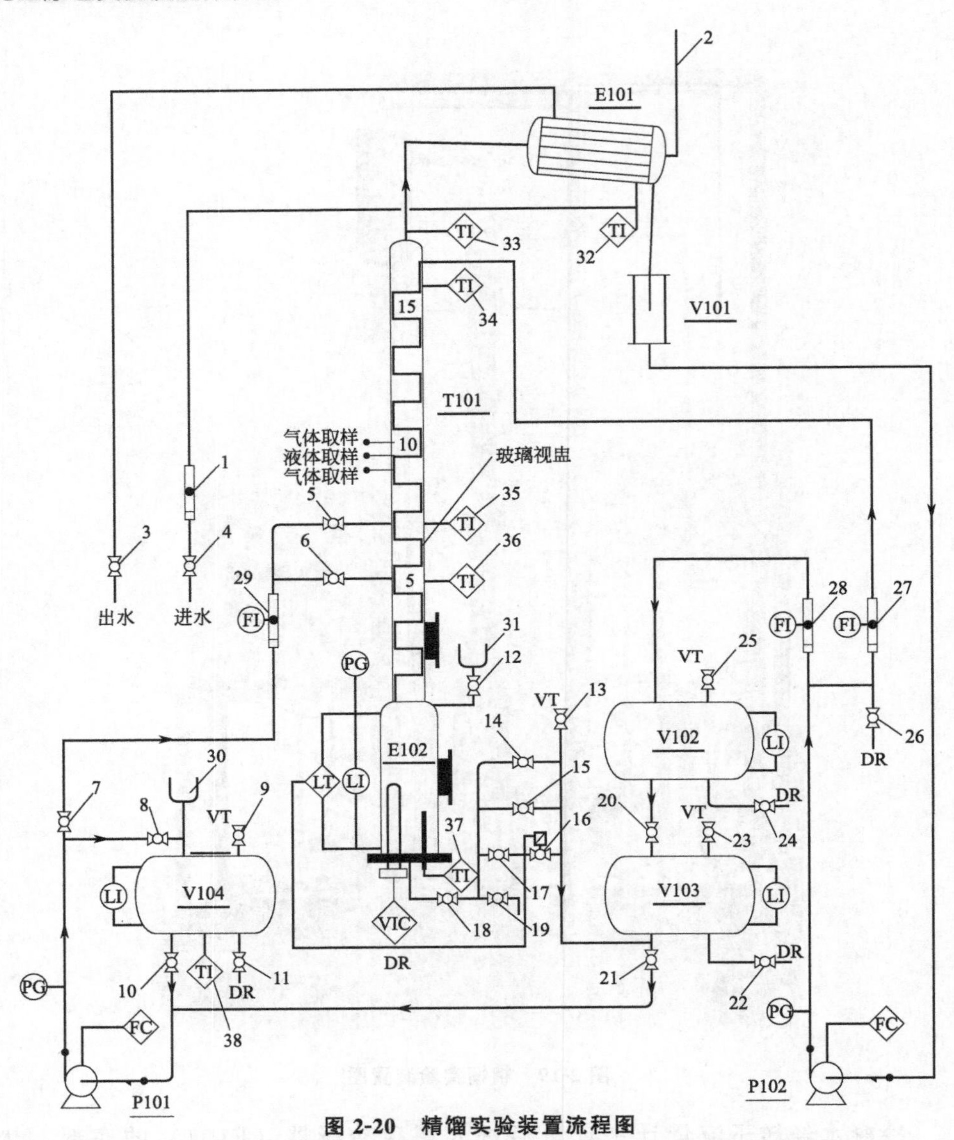

图 2-20 精馏实验装置流程图

T101—乙醇精馏塔；E101—塔顶冷凝器；E102—塔釜再沸器；V101—冷凝液缓冲罐；V102—产品罐；V103—釜液罐；V104—进料罐；P101—进料泵；P102—回流泵；PG—压力表；TI—温度指示；LI—液位指示；LT—液位变送；FC—流量控制；FI—流量指示；VT—放空；DR—排液

1—塔顶冷凝器进水转子流量计；2—塔顶冷凝器放空管路；3—塔顶冷凝器出水阀；4—塔顶冷凝器进水阀；5—进料阀Ⅰ；6—进料阀Ⅱ；7—进料泵出口阀；8—进料罐回流阀；9—进料罐放空阀；10—进料罐出料阀；11—进料罐取样阀；12—塔釜加料阀；13—塔釜放空阀；14—塔釜液位控制阀Ⅰ；15—塔釜液位自控阀Ⅱ；16—塔釜液位控制电磁阀；17—塔釜液位控制阀3；18—塔釜液位控制总阀；19—塔釜取样阀；20—产品回收阀；21—釜液回收阀；22—釜液罐排放阀；23—釜液罐放空阀；24—产品罐排放阀；25—产品罐放空阀；26—塔顶取样阀；27—回流转子流量计；28—馏出转子流量计；29—进料转子流量计；30—进料罐加料口；31—塔釜加料口；32—冷凝水进口温度计；33—塔顶温度计；34—灵敏板温度计；35—进样温度计Ⅰ；36—进样温度计Ⅱ；37—塔釜温度计；38—进料罐温度计

四、实验操作步骤及注意事项

1. 实验步骤

(1) 全回流操作

① 配置体积分数为20%的乙醇溶液，打开塔釜加料阀12、塔釜放空阀13，在塔釜加料口处往塔釜再沸器中加入乙醇溶液至釜容积的2/3处，关闭塔釜放空阀13。

② 打开总电源开关，关闭各个阀门。

③ 将“塔釜加热电压调节”旋钮向左调至最小，再打开“塔釜加热”开关，然后缓慢调大“塔釜加热电压调节”旋钮，电压不宜过大，电压约为150V，给釜液缓缓升温。

④ 塔釜加热开始后，打开冷凝器进水阀4，通过调节转子流量计1调节流量至400～800L/h左右，使蒸汽全部冷凝实现全回流。

⑤ 实验过程中先观察塔釜温度，并通过视镜观察塔内的气液情况，塔釜温度为90℃左右时开始出现鼓泡现象，若发现液沫夹带过量时，电压适当调小。

⑥ 当冷凝液缓冲罐（V101）积存一定液体后，在控制柜上打开回流泵启动开关启动泵（P102)，打开回流转子流量计27，关闭馏出转子流量计28，并调节回流流量计使冷凝液缓冲罐液层高度保持恒定。

⑦ 在控制柜上观察各段温度变化，从精馏塔视镜观察釜内现象。

⑧ 当塔顶温度、回流量和塔釜温度稳定后，记录加热电压、冷凝水流量、回流量、塔顶和塔釜温度、灵敏板温度，同时在塔顶（打开塔顶取样阀26)、塔釜（打开塔釜取样阀19）和相邻两块塔板取样口取样（正面取样口为气体取样，侧面两取样口从上到下分别为气体取样和液体取样)，然后进行乙醇浓度分析。

(2) 部分回流操作

① 配置体积分数为20%的乙醇溶液，适当打开进料罐放空阀9，在进料罐加料口处往进料罐加入乙醇溶液至进料罐容积的2/3处。

② 在控制柜面板上打开“进料罐加热”开关。

③ 缓慢调大“管路保温电压调节”旋钮，调节管路保温电压为70～80V；

④ 待进料罐温度稳定、塔全回流操作稳定时，打开进料罐出料阀10，在控制柜上打开进料泵开关启动泵（P101)，打开进料泵出口阀7，打开进料阀Ⅰ（阀5)，调节进料转子流量计29至适当的流量（若所需流量远小于进料泵的额

定流量，可以适当打开进料罐回流阀），适当打开产品罐放空阀 25、釜液罐放空阀 23。

⑤ 设定回流比。调节回流转子流量计 27、馏出转子流量计 28 的流量比（R＝1～4），使进料转子流量计 29 的流量大于或等于馏出转子流量计 28 的流量（防止塔釜液位降低）。

⑥ 打开阀 17、18，设定塔釜液位（出厂已预先设定好，高于预设液位，电磁阀将自动打开；如果要设定塔釜液位高度在与阀 14 齐平的位置，则打开阀 14；如果要设定塔釜液位高度在与阀 15 齐平的位置，则打开阀 15）。

⑦ 待从视镜中看到塔板已完全鼓泡后，适当调小加热电压，以控制板上的泡沫层不超过板间距的 1/3，防止过多的雾沫夹带。

⑧ 当流量、塔顶及塔内温度读数稳定后，记下加热电压、冷凝水流量、回流量、馏出量、进料温度Ⅰ、塔顶和塔釜温度、灵敏板温度和进料罐温度等，同时在塔顶、塔釜、进料和相邻两块塔板取样口取样分析。

⑨ 保持进料转子流量计 29 的流量不变，改变回流转子流量计 27、馏出转子流量计 28 的流量比（R＝1～4），重复上述⑥⑦的步骤。

(3) 取样和分析

① 进料、塔顶、塔釜液从各相应的取样阀放出。

② 取样前应先放空取样管中残渣，再用取样液润洗试剂瓶，最后取 10mL 左右样品，并给瓶盖标号以免出错，各个样品尽可能同时取样。

③ 将样品进行分析。

(4) 停止

① 将“塔釜加热电压调节”旋钮、“管路保温电压调节”旋钮调至最小，关闭“塔釜加热”开关、“进料罐加热”开关。

② 关闭进料泵开关，停止进料。

③ 继续保持冷凝水，当塔顶温度下降，无冷凝液馏出（约 20～30min）后，关闭塔顶冷凝器进水阀，关闭回流泵开关。

2. 注意事项

(1) 料液一定要加到设定液位 2/3 处方可打开“塔釜加热”开关，否则塔釜液位过低会使电加热丝露出干烧致坏。

(2) 塔釜取样时要注意避免烫伤。

(3) 部分回流时，进料泵开关开启前务必先打开进料罐出料阀 10，否则会损坏进料泵。

五、实验数据记录与处理

1. 将塔顶、塔釜温度和组成等原始数据填入表 2-18 中。

表 2-18 精馏实验原始数据表

项目	全回流	部分回流	
		R=_	R=_
加热电压/U/V			
冷凝水流量 Q/(L/h)			
塔顶回流量 L/(L/h)			
塔顶流出量 D/(L/h)			
进料流量 F/(L/h)			
冷凝水进水温度/℃			
塔顶温度/℃			
灵敏板温度/℃			
进料温度/℃			
塔釜温度/℃			
进料罐温度/℃			
塔顶产品组成 x_D/%			
塔釜溶液组成 x_W/%			
原料液组成 x_F/%			
第 10 块板液相组成 x_{10}/%			
第 10 块板气相组成 y_{10}/%			
第 9 块板气相组成 y_9/%			

2. 计算在全回流、稳定操作条件下的理论板数。

根据压强、物系查得 x-y 图，将实验测得的塔顶产品 x_D 和残液组成 x_W 换算成摩尔分数，用图解法作梯级求得理论板数 N_T。

3. 计算在部分回流、稳定操作条件下的理论板数。

回流比为 R，泡点进料。根据压强、物系查得 x-y 图，将实验测得的塔顶产品 x_D 和残液组成 x_W 换算成摩尔分数，得精馏段操作线斜率$\frac{x_D}{R+1}$，作出精馏段操作线；由于泡点进料，$q=1$，q 线交精馏段操作线于点（x_e，y_e），$x_e=x_F$，可作出提馏段操作线，用图解法作梯级求得理论板数 N_T。

4. 计算全回流和部分回流的全塔效率和第 4 块板的单板效率。

六、思考题

1. 什么是全回流？全回流操作有哪些特点？在生产中有什么实际意义？在工程实际中何时采用全回流操作？

2. 塔顶冷凝器放空阀的作用是什么？

3. 为什么要加一个管路保温电压?

4. 如何判断塔的操作已达到稳定?

5. 总板效率是否等于塔内某块板的单板效率?如何测量单板效率?

6. 塔板效率受哪些因素影响?

7. 若测得单板效率超过100%,作何解释?

8. 在全回流、稳定操作条件下塔内温度沿塔高如何分布,何以造成这样的温度分布?

第九节 干燥速率曲线测定实验

一、实验目的及任务

1. 测定在恒定干燥条件下湿物料的干燥曲线、干燥速率曲线及临界含水量 X_0。

2. 了解常压洞道式(厢式)干燥器的基本结构,掌握洞道式干燥器的操作方法。

二、实验原理

干燥单元操作是一个传热、传质同时进行的过程,干燥过程能得以进行的必要条件是湿物料表面所产生的湿分分压一定要大于干燥介质中湿分的分压,两者分压相差越大,干燥推动力就越大,干燥就进行得越快。本实验以一定温度的热空气作为干燥介质,在恒定干燥条件下,即热空气的温度、湿度、流速及与湿物料的接触方式不变。当热空气与湿物料接触时,空气把热量传递给湿物料表面,而湿物料表面的水分则汽化进入热空气中,从而达到除去湿物料中水分的目的。

当湿物料和热空气接触时,被预热升温并开始干燥,在恒定干燥条件下,若水分在表面的汽化速率小于或等于从物料内层向表面层迁移的速率时,物料表面仍被水分完全润湿,与自由液面水分汽化完全相同,干燥速率保持不变,此阶段称为等(恒)速干燥阶段或表面汽化控制阶段。当物料的含水量降至临界湿含量 X_0 以下时,物料表面仅部分润湿,局部区域已变干,物料内部水分向表层的迁移速率低于水分在物料表面的汽化速率时,干燥速率不断下降,这一阶段称为降速干燥阶段或内部扩散阶段。随着干燥过程的进一步深入，物料表面逐渐变干，汽化表面逐渐向内部移动，物料内部水分迁移率不断降低，直至物料的含水量降至平衡含水量 X^* 时，干燥过程便停止。

单位时间被干燥物料的单位表面上除去的水分量称为干燥速率 u[kg/(m²·s)]，即

$$u=\frac{-G_c \mathrm{d}X}{A\mathrm{d}\tau}=\frac{\mathrm{d}W}{A\mathrm{d}\tau} \tag{2-32}$$

式中 G_c——湿物料中干物料的质量（绝干物料质量），kg；

X——湿物料的干基含水量，kg 水/ kg 绝干物料；

A——干燥表面积，m^2；

W——湿物料被干燥掉的水分质量，kg；

τ——干燥时间，s。

三、实验装置与流程

空气用风机送入电加热器，经加热的空气流入干燥室，加热干燥室中的湿毛毡后，经排出管道排入大气中。随着干燥过程的进行，物料失去的水分含量由称重传感器和智能数显仪表记录下来。干燥实验装置和实验流程图如图 2-21 和图 2-22 所示。

四、实验操作步骤及注意事项

1. 实验步骤

① 湿球温度计：湿纱布、背后漏斗加水。

② 打开仪控柜电源开关，打开风机电源（打开总电源之后等待半分钟），调节风量变频调节旋钮。打开加热器电源，使干球温度恒定在 60～70℃。

③ 将毛毡加入一定量的水并使其润湿均匀，注意水量不能过多过少。

④ 当干球温度恒定时，将湿毛毡十分小心地放置于称重传感器上（放入毛毡时注意带隔热手套）。注意不能用力下压，称重传感器的负荷仅为 300g，超重时称重传感器会被损坏。

⑤ 记录时间和脱水量，每分钟记录一次数据；每 5min 记录一次干球温度和湿球温度（电脑上点击数据开始采集，系统每分钟自动采集数据）。

⑥ 待毛毡恒重时，即为实验终了时，关闭加热器电源，关闭风机。

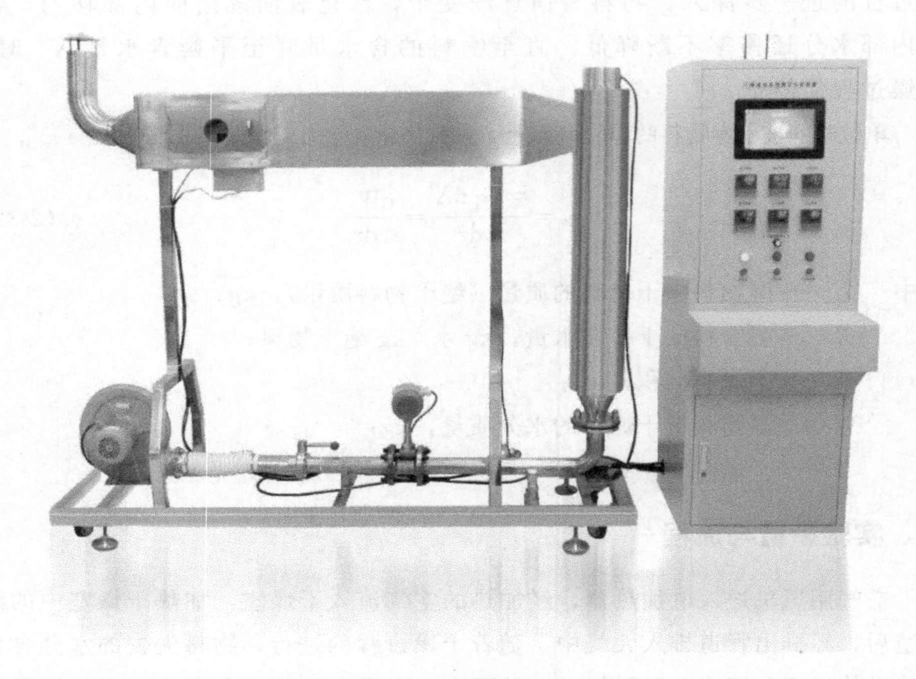

图 2-21　干燥实验装置图

⑦ 小心取下毛毡，放入烘箱，105℃烘 10～20min，称量毛毡的绝干质量，测量干燥面积。

⑧ 关闭风机，切断总电源，清扫实验现场。

2. 注意事项

（1）必须先开风机，后开加热器，否则加热管可能被烧坏。

（2）称重传感器的负荷量仅为 300g，放取毛毡时必须十分小心以免损坏称重传感器。

五、实验数据记录与处理

将恒压干燥数据测定记录与处理填至表 2-19。

1. 根据系统自动采集的数据，经处理后，绘制干燥曲线（失水量-时间关系曲线）。

2. 根据干燥曲线作干燥速率曲线，并注明干燥条件。

3. 读取物料的临界湿含量。

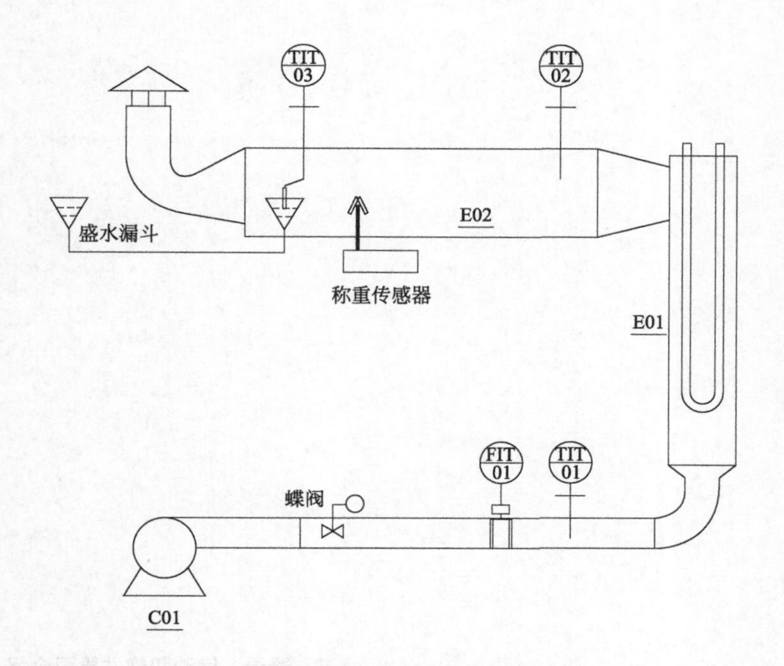

图 2-22 干燥实验流程图

C01—风机；E01—预热器；E02—洞道式干燥器；

TIT01—冷风温度显示变送器；TIT02—干球温度显示变送器；

TIT03—湿球温度显示变送器；FIT01—流量显示变送器

表 2-19 恒压干燥数据测定记录与处理

实验序号	累计时间τ /min	总质量 G /g	干基含水量 X /(kg 水/kg 绝干物料)	平均含水量 X_{av} /(kg 水/kg 绝干物料)	干燥速率 u /[kg/(m² · s)]
1					
2					
3					
…					

六、思考题

1. 毛毡含水是什么性质的水分？
2. 实验过程中干球、湿球温度计是否变化？为什么？
3. 恒定干燥条件指什么？
4. 如何判断实验已经结束？
5. 测定干燥曲线有何意义？

第三章

化工原理虚拟仿真实验

第一节 登录、启动和软件界面介绍

一、登录

本实验可以实现网络共享仿真操作，并实现网络共享管理。学校获得使用授权后，获得平台登录网址及学校级管理员权限，添加院系、班级、同学等权限，为同学添加用户名和密码，同学通过浏览器访问（http：//10.120.123.77：8888)，进入本校的虚拟仿真共享平台登录界面[图3-1(a)]。通过用户名、密码登录虚拟仿真实验共享平台，登录后初始界面[图3-1(b)]。

二、启动虚拟仿真教学软件

选择进入化工生产中离心泵的选择与使用实验界面（图3-2)。

注意：此步由于涉及数据下载和加载，可能需要几十秒时间，请耐心等待。

三、界面及通用操作方法

1. 界面背景颜色调试功能

使用者可以根据自己的显示器、投影等情况，选择合适的界面背景颜色，以便更清楚地观看设备。可选择界面左下角九宫格颜色选项，点击颜色块，界面背景将改为对应颜色。

2. 平移、旋转、视图等功能按钮

软件的功能按钮位于界面下方（图3-3)，具体有平移功能、旋转功能、放大和缩小功能、返回功能、退出功能、视图功能。

3. 鸟瞰功能

在鸟瞰功能区域，鼠标左键拖动方框，会放大显示设备在方框内的部分(图3-4)。

(a) 登录界面图

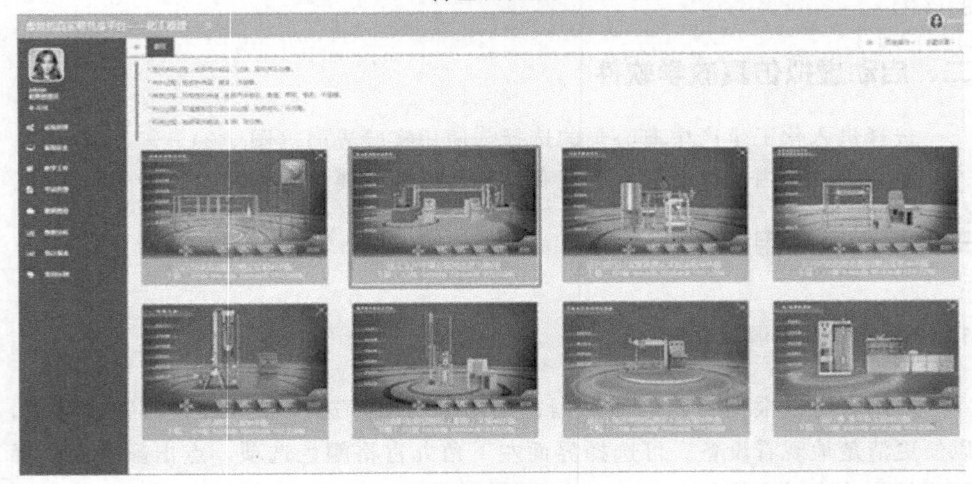

(b) 初始界面图

图 3-1 登录界面图和初始界面图

四、快捷键

不同功能对应的快捷键见表 3-1。

表 3-1 不同功能对应的快捷键

平移功能	旋转功能	放大和缩小功能
向上——Q 键 向下——E 键 向左——D 键 向右——A 键	顺旋——X 键(鼠标右键拖拽) 逆旋——Z 键(鼠标右键拖拽)	拉近——W 键 拉远——S 键 控制面板放大显示——V 键

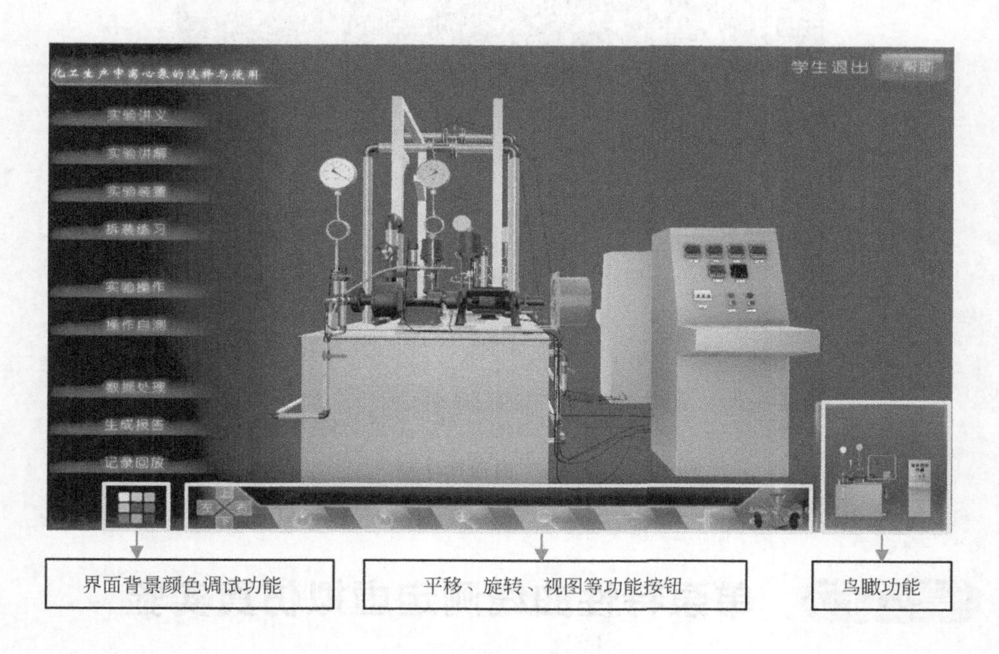

图 3-2　软件界面图

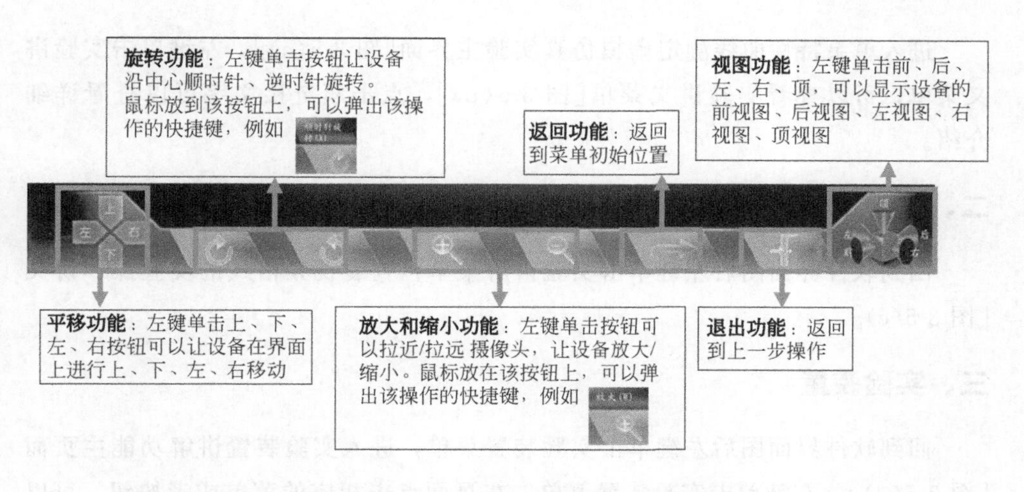

图 3-3　软件的功能按钮及其具体使用方法

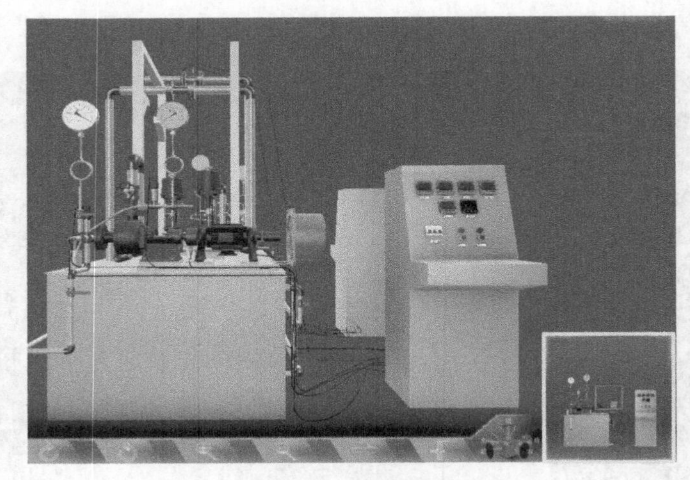

图 3-4　鸟瞰操作图

第二节　单泵特性曲线测定虚拟仿真实验

一、实验讲义

进入单泵特性曲线测定虚拟仿真实验主界面[图 3-5(a)]，左键单击实验讲义菜单，可以查看实验讲义菜单[图 3-5(b)]，点击超链接文字可以查看详细介绍。

二、实验讲解

回到软件界面图后左键单击实验讲解菜单，查看视频格式的实验操作讲义[图 3-5(c)]。

三、实验装置

回到软件界面图后左键单击实验装置菜单，进入实验装置讲解功能主页面[图 3-5(d)]。左键单击实验装置菜单，在页面点击相应的菜单或者按钮，可以查看更多信息：

① 设备标签按钮，点击可以查看设备分类标签。

② 装置零部件列表，可以查看装置零部件缩略图及名称，点击可以进一步查看三维模型及更多信息和进行更多操作。

③ 选中的零部件介绍，选中后如果有介绍会显示在此区域。

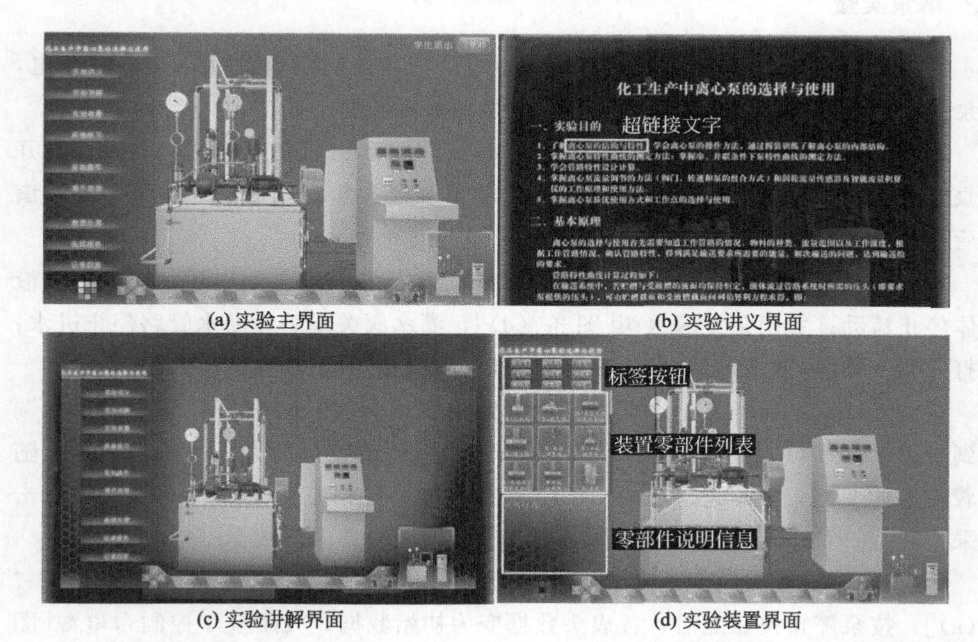

(a) 实验主界面　　(b) 实验讲义界面

(c) 实验讲解界面　　(d) 实验装置界面

图 3-5　离心泵性能特性曲线测定实验主界面、实验讲义界面、实验讲解界面和实验装置界面

四、实验操作

1. 选择实验方式及实验条件

左键单击实验操作菜单，进入选择实验管路及离心泵界面[图 3-6(a)]。点击确认后进入设定实验参数界界面，继续确认后进入选择实验方式界面[图 3-6(b)]。

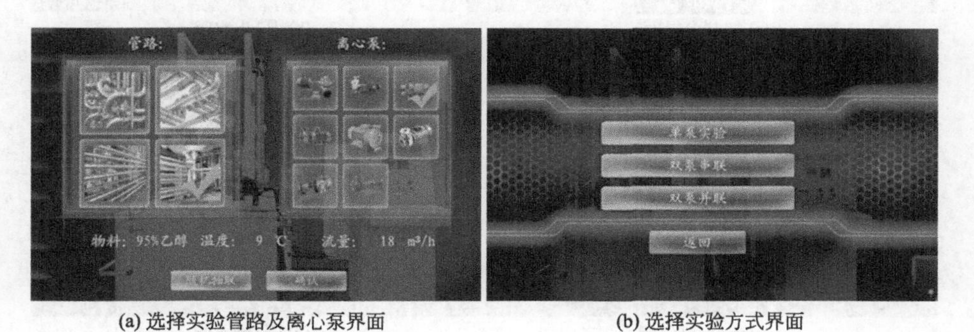

(a) 选择实验管路及离心泵界面　　(b) 选择实验方式界面

图 3-6　选择实验管路及离心泵界面和选择实验方式界面

2. 单泵实验

(1) 打开泵1控制台电源[图 3-7(a)]，打开控制台电源后，离心泵通电，泵关闭状态的指示灯亮，各个仪表上面显示初始数据。

(2)～(4) 关闭泵1出水阀[图 3-7(b)]，打开泵1排气阀[图 3-7(c)]；打开泵1灌水阀[图 3-7(d)]，灌水阀打开之后，水通过灌水阀流向离心泵，泵灌满后，水从排水阀流出到水箱。

(5)～(7) 关闭泵1排气阀[图 3-7(c)]，泵1排气阀关闭以后，排气管路液体停止流动；关闭泵1灌水阀[图 3-7(d)]，灌水阀关闭后，灌水管路停止进水；打开泵1开关[图 3-7(a)]，随着泵启动，仪表上的数据都会发生变化。

(8)～(10) 打开泵1真空表压力测定控制球阀[图 3-8(a)]；泵1出水阀调到最大[图 3-7(b)]；合理调节泵1手动调节阀调节流量的大小，采集数据。随着流量的变化，泵的进口压力、出口压力等数值将相应变化[图 3-8(b)]；点击采集数据[图 3-8(c)]记录数据；多次调节开度可采集多组数据[图 3-8(d)]。

(11)～(13) 关闭泵1出水阀[图 3-7(b)]；停止泵1，按泵停止按钮[图 3-7(a)]，按泵停止按钮之后，各表头数据变为初始数据；关闭泵1控制台电源[图 3-7(a)]。实验操作过程正确，系统提示操作成功。

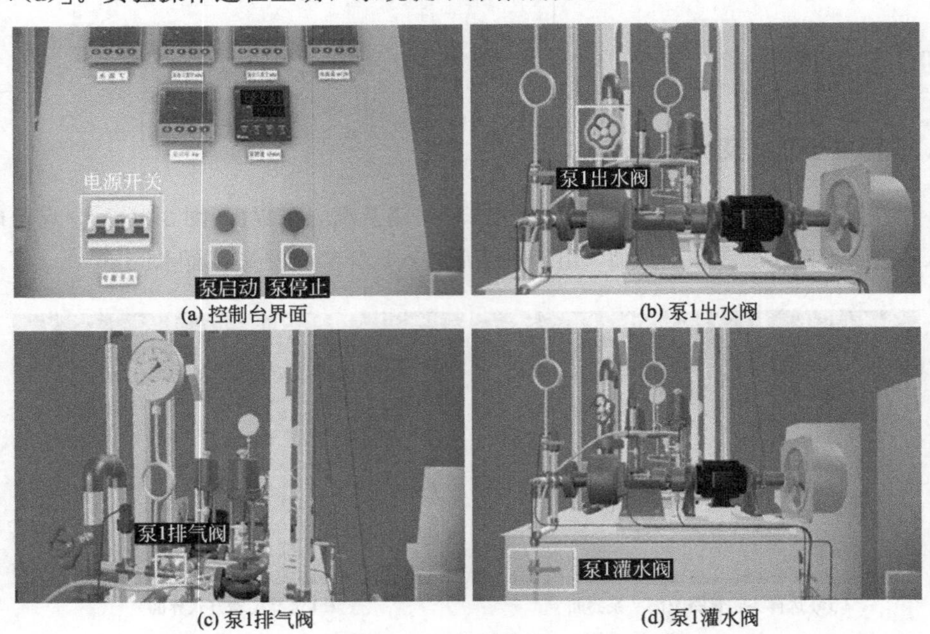

(a) 控制台界面　(b) 泵1出水阀

(c) 泵1排气阀　(d) 泵1灌水阀

图 3-7　泵1控制台电源及泵1阀门位置图

3. 双泵串联实验

(1)～(2) 打开泵1和泵2控制台电源[图3-7(a)]。

(3)～(6) 关闭泵2灌泵阀[图3-9(a)]；关闭泵2出水阀[图3-9(b)]；打开泵2进水阀[图3-9(c)]；打开泵2手动球阀[图3-9(d)]。

(7)～(12) 打开泵1排气阀[图3-7(c)]；打开泵2排气阀[图3-10(a)]；打开泵1灌水阀[图3-7(d)]；关闭泵1排气阀[图3-7(c)]；关闭泵2排气阀[图3-10(a)]；关闭泵1灌水阀[图3-7(d)]。

(13)～(16) 启动泵1和泵2[图3-7(a)]；打开泵1真空表压力测定控制球阀[图3-8(a)]；打开泵2真空表压力测定控制球阀[图3-10(b)]。

(17) 合理调节泵2手动球阀，采集数据（多组）。

(18)～(21) 停止泵1和泵2[图3-7(a)]；关闭泵1、泵2和控制台电源[图3-7(a)]。实验操作过程正确，系统提示操作成功。

(a) 泵1真空表压力测定控制球阀　(b) 泵1手动调节阀

(c) 采集数据　(d) 采集多组数据

图3-8　泵1阀门位置及数据结果图

4. 双泵并联实验

(1) 和 (2) 打开泵1和泵2控制台电源[图3-7(a)]。

(3)～(6) 关闭泵1出水阀[图3-7(b)]；打开泵1排气阀[图3-7(c)]；打开

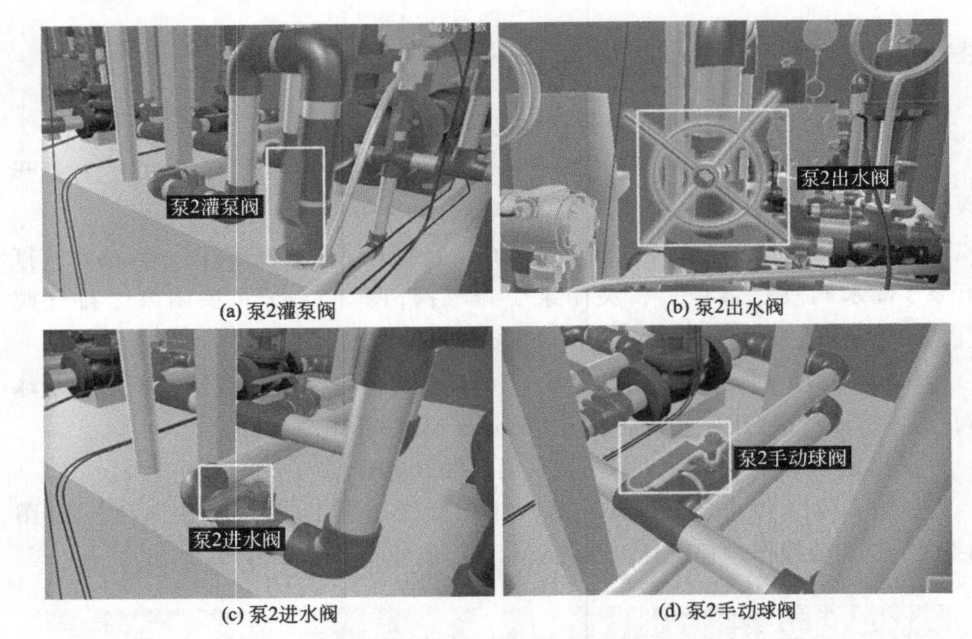

(a) 泵2灌泵阀　(b) 泵2出水阀　(c) 泵2进水阀　(d) 泵2手动球阀

图 3-9　泵 2 各阀门位置图

泵 1 灌水阀[图 3-7(d)]；关闭泵 1 排气阀[图 3-7(c)]。

(7)～(11) 关闭泵 2 出水阀[图 3-9(b)]；打开泵 2 排气阀[图 3-10(a)]；打开泵 2 灌泵阀[图 3-9(a)]；打开泵 2 灌水阀[图 3-10(c)]；关闭泵 2 排气阀[图 3-10(a)]。

(12)～(15) 打开串并联控制阀[图 3-10(d)]；把泵 1 手动阀调节到最大[图 3-8(b)]；启动泵 1[图 3-7(a)]；打开泵 1 真空表压力控制球阀[图 3-8(a)]。

(16)～(18) 启动泵 2[图 3-7(a)]；打开泵 2 真空表压力控制球阀[图 3-10(b)]；合理调节泵 1、泵 2 出水阀，流量相同时采集数据；

(19)～(22) 停止泵 1 和泵 2[图 3-7(a)]；关闭泵 1 和泵 2 控制台电源[图 3-7(a)]。实验操作过程正确，系统提示操作成功。

五、操作自测

左键单击操作自测菜单，进入操作自测界面[图 3-11(a)]，有时间限制，应在规定时间内完成操作自测，否则可能测试不通过。操作自测模式没有步骤提示。

六、数据处理

在完成实验操作后，左键单击数据处理菜单，可以看到本次操作生成的实验数据[图 3-11(b)]。

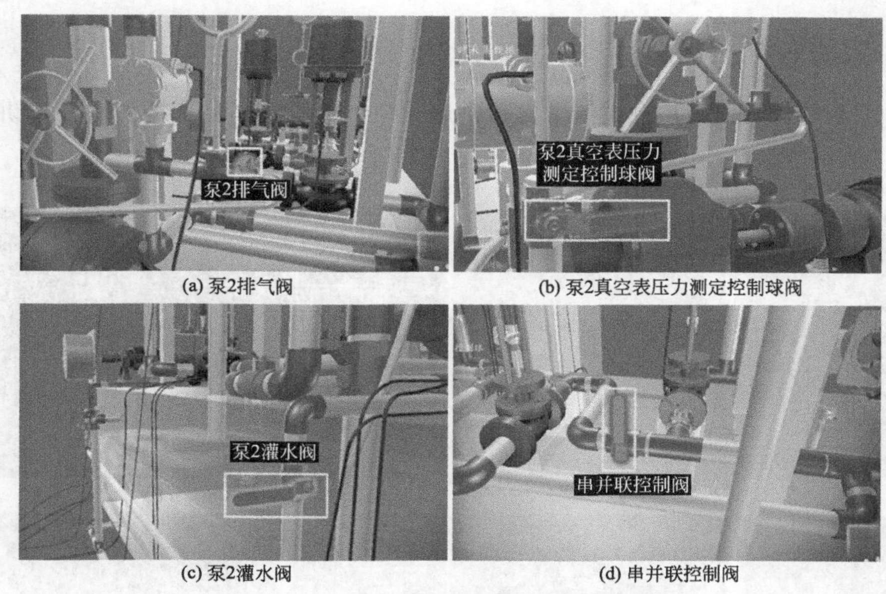

(a) 泵2排气阀　(b) 泵2真空表压力测定控制球阀

(c) 泵2灌水阀　(d) 串并联控制阀

图 3-10　泵 2 各阀门和串并联控制阀位置

七、记录回放

左键单击记录回放，可以看到自己操作的回放。

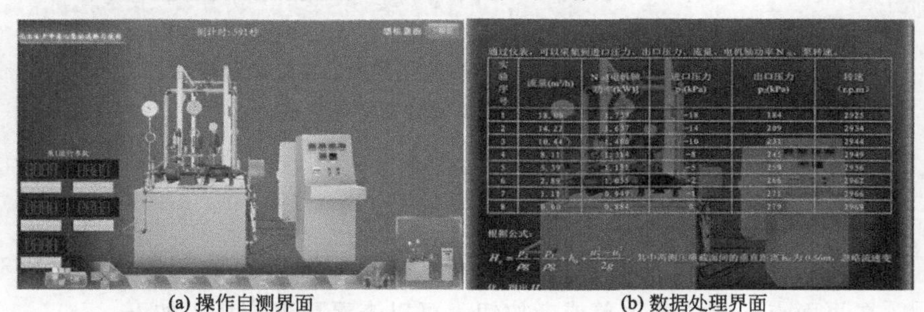

(a) 操作自测界面　(b) 数据处理界面

图 3-11　离心泵性能特性曲线测定实验操作自测和数据处理界面

第三节　恒压过滤常数测定虚拟仿真实验

一、实验讲义

进入恒压过滤常数测定虚拟仿真实验主界面[图 3-12(a)]，左键单击实验讲义菜单，可以查看实验讲义[图 3-12(b)]，点击超链接文字可以查看详细介绍。

二、实验讲解

回到软件界面图后左键单击实验讲解菜单，查看视频格式的实验操作讲义[图 3-12(c)]。

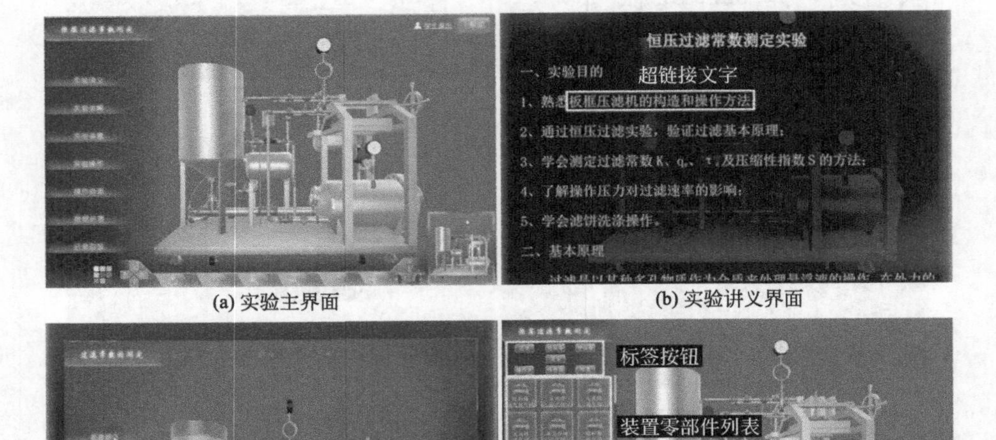

(a) 实验主界面　(b) 实验讲义界面

(c) 实验讲解界面　(d) 实验装置界面

图 3-12　恒压过滤常数测定实验主界面、实验讲解界面、实验讲解界面和实验装置菜单界面

三、实验装置

回到软件界面图后左键单击实验装置菜单，进入实验装置界面[图 3-12(d)]。在页面点击相应的菜单或者按钮，可以查看更多信息，如下：

① 设备标签按钮，点击可以查看设备分类标签。

② 装置零部件列表，可以查看装置零部件缩略图及名称，点击可以进一步查看三维模型及更多信息和进行更多操作。

③ 选中的零部件介绍，选中后如果有介绍会显示在此区域。

四、实验操作

(1)～(7) 组装滤布、滤框、滤板 [图 3-13(a)]。

(8)～(10) 旋转端转盘，压紧端板[图 3-13(b)]；配料槽加碳酸钙、加水

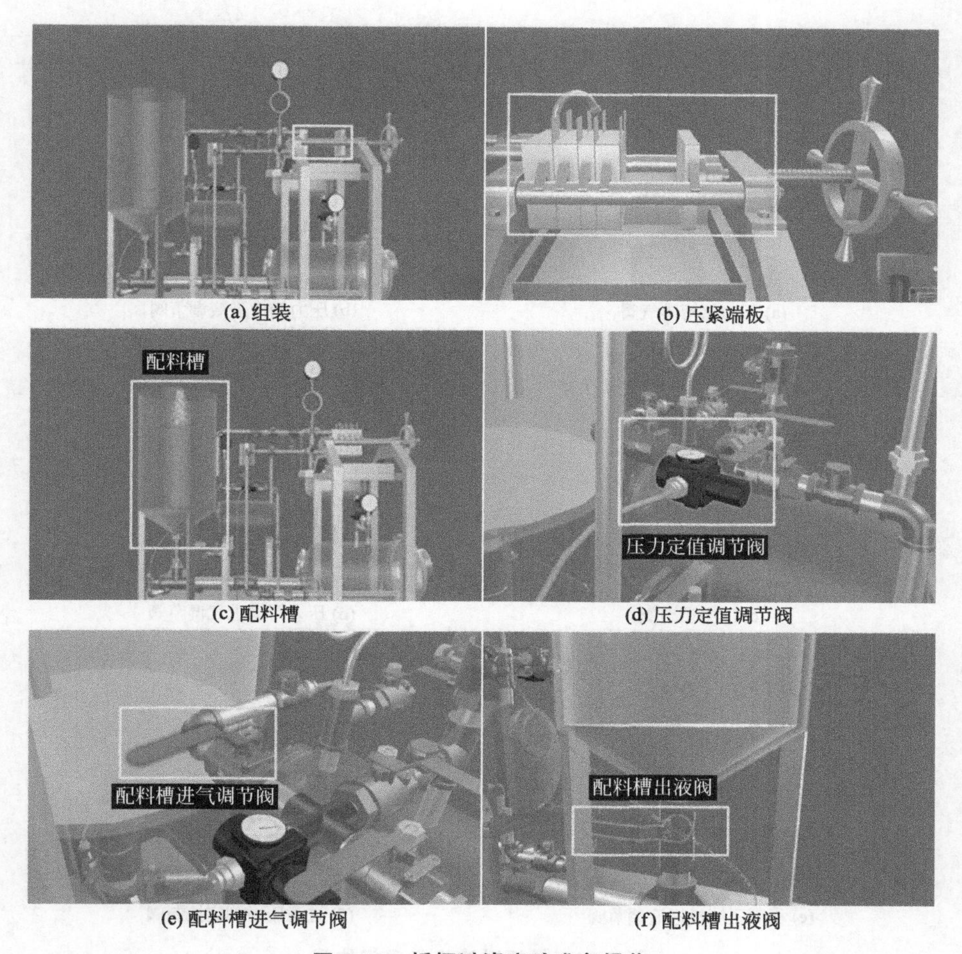

(a) 组装　(b) 压紧端板
(c) 配料槽　(d) 压力定值调节阀
(e) 配料槽进气调节阀　(f) 配料槽出液阀

图 3-13　板框过滤实验准备操作

[图 3-13(c)]。

(11)～(14) 打开压力定值调节阀[图 3-13(d)]；打开配料槽进气调节阀[图 3-13(e)]；打开配料槽出液阀[图 3-13(f)]；关闭配料槽进气调节阀[图 3-13(e)]。

(15) 和 (16) 打开压力储槽排气阀[图 3-14(a)]；打开压力储槽进液调节阀[图 3-14(b)]。

(17)～(19) 关闭压力储槽进液调节阀[图 3-14(b)]；关闭配料槽出液阀[图 3-13(f)]；关闭压力储槽排气阀[图 3-14(a)]。

(20)～(22) 调节压力至 0.117MPa [图 3-14(c)]；打开压力储槽进气调节阀 [图 3-14(d)]；微开压力储槽排气阀[图 3-14(a)]。

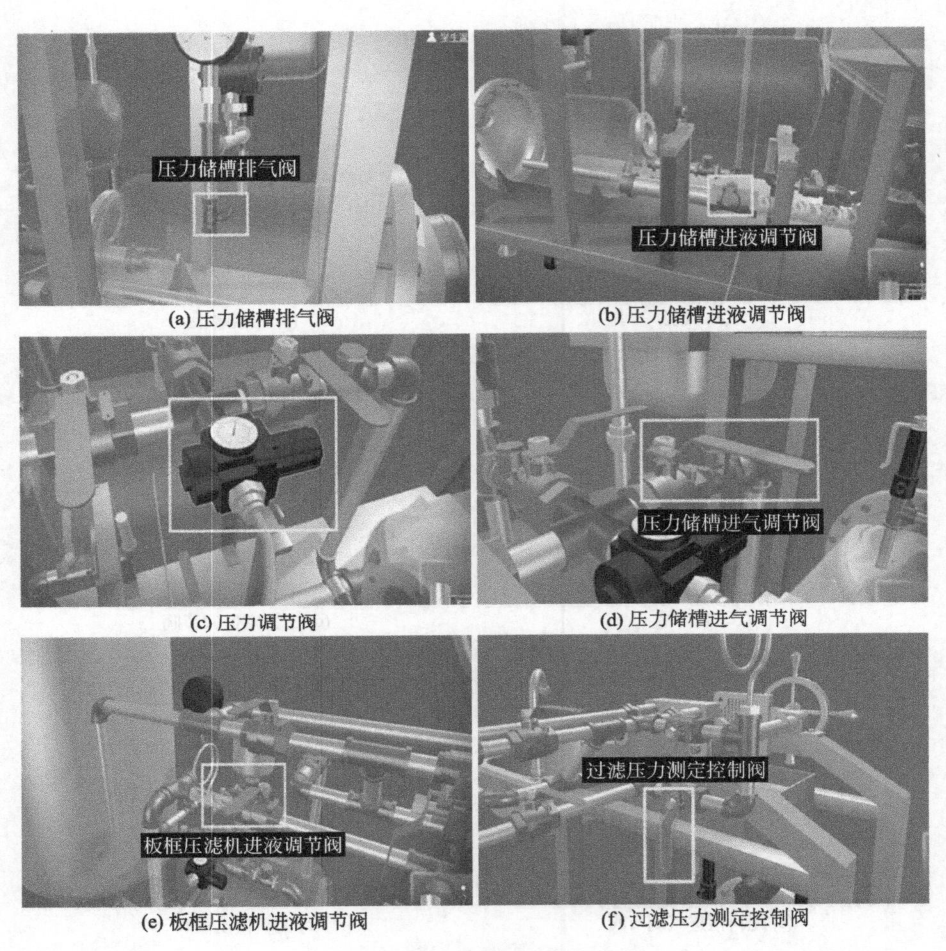

(a) 压力储槽排气阀　(b) 压力储槽进液调节阀

(c) 压力调节阀　(d) 压力储槽进气调节阀

(e) 板框压滤机进液调节阀　(f) 过滤压力测定控制阀

图 3-14　板框过滤机各阀门位置

(23)～(26) 打开板框压滤机进液调节阀[图 3-14(e)]；打开过滤压力测定控制阀[图 3-14(f)]；打开板框压滤机出液调节阀[图 3-15(a)]；关闭板框压滤机进液调节阀[图 3-14(e)]。

(27)～(29) 调节压力至 0.194MPa[图 3-14(c)]；打开板框压滤机进液调节阀，关闭板框压滤机进液调节阀[图 3-14(e)]。

(30)～(32) 调节压力至 0.339MPa[图 3-14(c)]；打开板框压滤机进液调节阀，关闭板框压滤机进液调节阀[图 3-14(e)]。

(33)～(37) 关闭压力储槽排气阀[图 3-14(a)]；打开压力储槽进液调节阀[图 3-14(b)]；打开配料槽出液阀，关闭配料槽出液阀[图 3-13(f)]；关闭压力储槽进液调节阀[图 3-14(b)]。

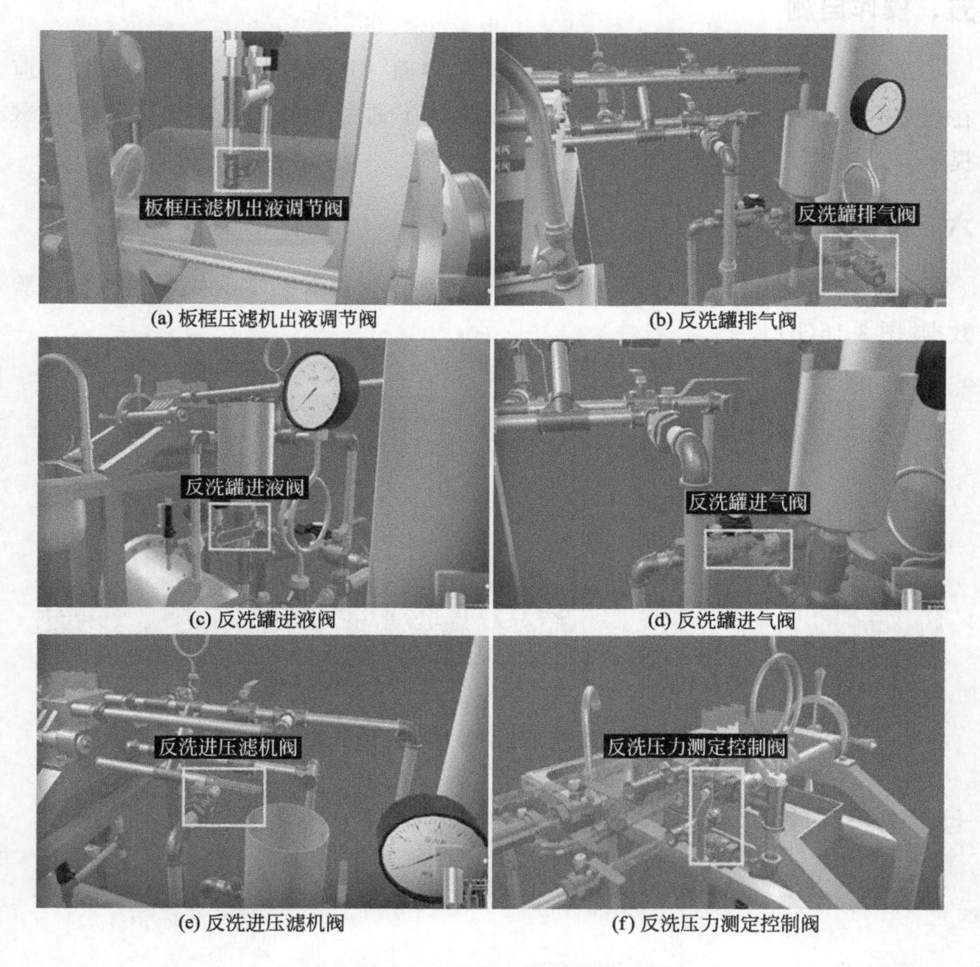

(a) 板框压滤机出液调节阀
(b) 反洗罐排气阀
(c) 反洗罐进液阀
(d) 反洗罐进气阀
(e) 反洗进压滤机阀
(f) 反洗压力测定控制阀

图 3-15 板框过滤实验结束操作

(38)～(40) 关闭压力储槽进气调节阀[图 3-14(d)]；打开压力储槽排气阀[图 3-14(a)]；关闭板框压滤机出液调节阀[图 3-15(a)]。

(41)～(46) 打开反洗罐排气阀[图 3-15(b)]；打开反洗罐进液阀[图 3-15(c)]；关闭反洗罐进液阀[图 3-15(c)]；关闭反洗罐排气阀[图 3-15(b)]；打开反洗罐进气阀[图 3-15(d)]；打开反洗进压滤机阀[图 3-15(e)]。

(47)～(50) 关闭过滤压力测定控制阀[图 3-14(f)]；打开反洗压力测定控制阀[图 3-15(f)]；关闭反洗进压滤机阀[图 3-15(e)]；关闭反洗压力测定控制阀[图 3-15(f)]。实验操作过程正确，系统提示操作成功。

五、操作自测

左键单击操作自测菜单，进入操作自测界面[图 3-16(a)]，有时间限制，应在规定时间内完成操作自测，否则可能测试不通过。操作自测模式没有步骤提示。

六、数据处理

在完成实验操作后，左键单击数据处理菜单，可看到本次操作生成的实验数据[图 3-16(b)]。

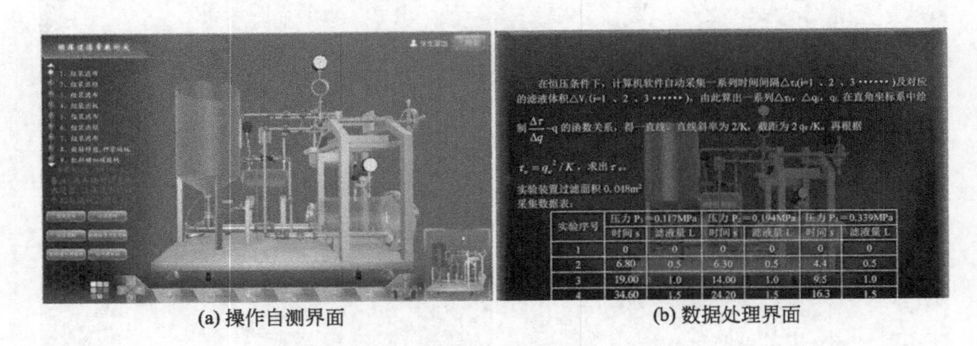

(a) 操作自测界面　　(b) 数据处理界面

图 3-16　恒压过滤常数测定实验操作自测和数据处理界面

七、记录回放

左键单击记录回放，可以看到自己操作的回放。

第四节　流体流动阻力测定虚拟仿真实验

一、实验讲义

进入流体流动阻力测定虚拟仿真实验主界面[图 3-17(a)]，左键单击实验讲义菜单，可以查看实验讲义菜单[图 3-17(b)]，点击超链接文字可以查看详细介绍。

二、实验讲解

回到软件界面图后左键单击实验讲解菜单，查看视频格式的实验操作讲义

[图 3-17(c)]。

三、实验装置

回到软件界面图后左键单击实验装置菜单，进入实验装置讲解功能主页面[图 3-17(d)]。左键单击实验装置菜单，在页面点击相应的菜单或者按钮，可以查看更多信息：

① 设备标签按钮，点击可以查看设备分类标签。

② 装置零部件列表，可以查看装置零部件缩略图及名称，点击可以进一步查看三维模型及更多信息和进行更多操作。

③ 选中的零部件介绍，选中后如果有介绍会显示在此区域。

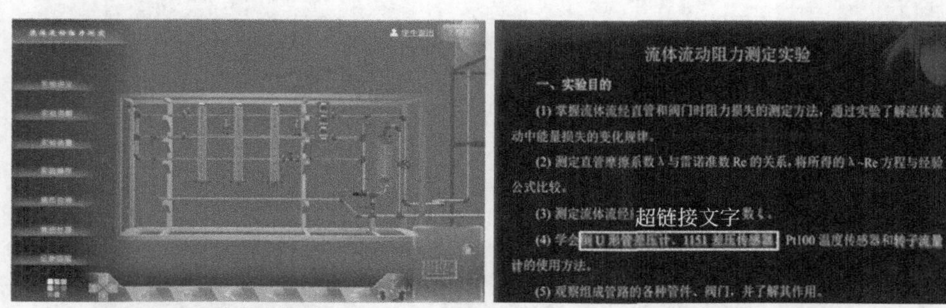

(a) 实验主界面　　(b) 实验讲义界面

(c) 实验讲解界面　　(d) 实验装置界面

图 3-17　流体流动阻力测定实验主界面、实验讲义界面、实验讲解界面和实验装置界面

四、实验操作

(1)～(6) 打开系统进水阀[图 3-18(a)]；打开粗糙管路进水阀[图 3-18(b)]；打开局部阻力管路进水阀 [图 3-18(c)]；打开闸阀[图 3-

18(d)]；打开系统排水阀[图 3-18(e)]；打开流量调节阀[图 3-18(f)]。

(7) 和 (8) 关闭系统排水阀[图 3-18(e)]；关闭流量调节阀[图 3-18(f)]。

(9) 和 (10) 打开光滑管压差计高压侧阀门，打开光滑管压差计低压侧阀门[图 3-19(a)]。

(11) 和 (12) 关闭光滑管压差计高压侧阀门，关闭光滑管压差计低压侧阀门[图 3-19(a)]。

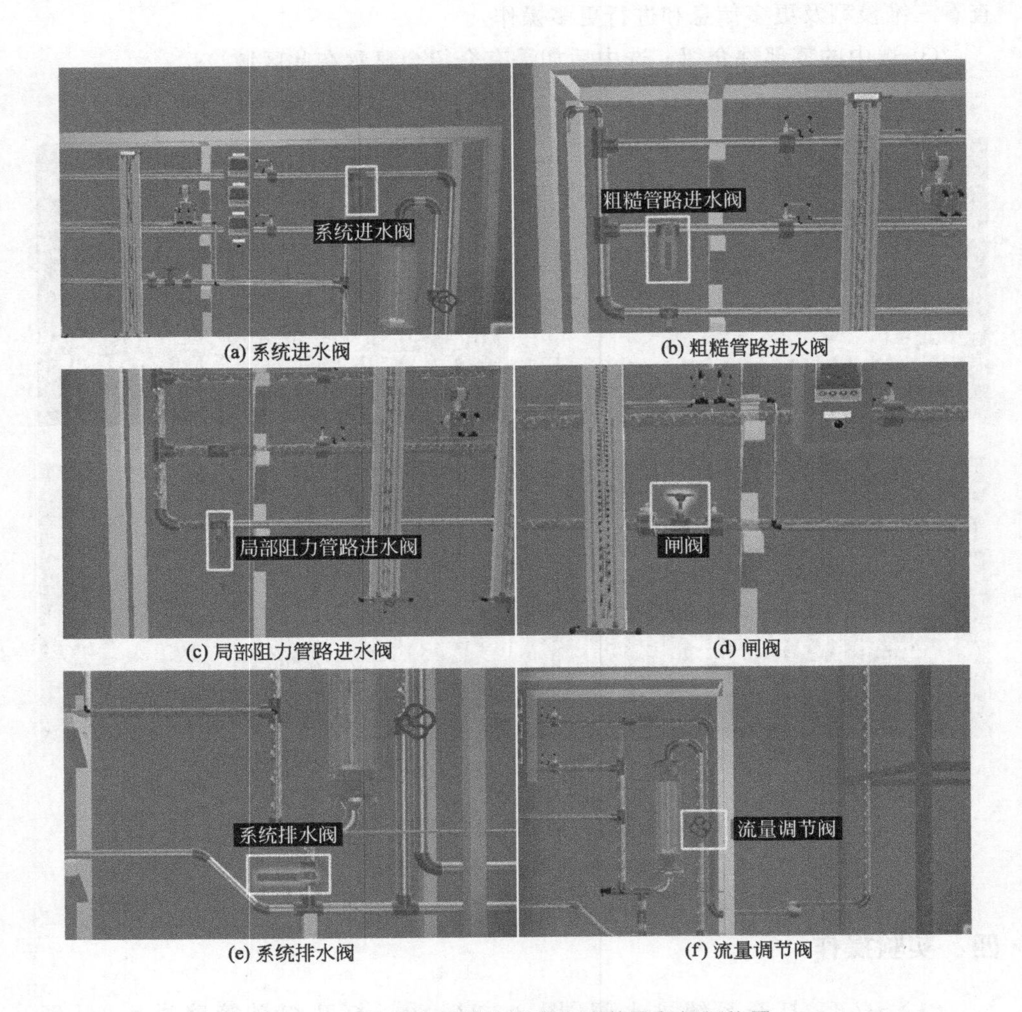

图 3-18　流体流动阻力测定实验装置各阀门位置

(13) 和 (14) 打开光滑管压差计平衡阀[图 3-19(a)]；打开光滑管压差计进气阀[图 3-19(b)]。

(15)～(17) 打开光滑管压差计出水活栓，关闭光滑管压差计出水活栓[图 3-19(a)]；关闭光滑管压差计进气阀[图 3-19(b)]。

(18)～(20) 打开光滑管压差计低压侧阀门，打开光滑管压差计高压侧阀门[图 3-19(a)]；关闭光滑管压差计平衡阀[图 3-19(a)]。

(21)～(32) 进行粗糙管流动阻力的测量，步骤与光滑管流动阻力测量，即 (9)～(20) 一致。

(33)～(44) 进行局部阻力的测量，步骤与光滑管流动阻力测量，即 (9)～(20) 一致。

(45)～(52) 打开旋塞阀 7、旋塞阀 8、旋塞阀 9、旋塞阀 10，关闭旋塞阀 10、旋塞阀 9、旋塞阀 8、旋塞阀 7[图 3-19(c)]。

(53) 和 (54) 打开仪表电源[图 3-19(d)]；关闭局部阻力管路进水阀[图 3-18(c)]。

(55)～(64) 打开流量调节阀，调节流量到 1.5m^3/h、2m^3/h、2.5m^3/h、3m^3/h、3.5m^3/h、4m^3/h、4.5m^3/h、5m^3/h、5.5m^3/h、6m^3/h [图 3-18(f)]。

(65)～(67) 关闭流量调节阀[图 3-18(f)]；关闭粗糙管路进水阀[图 3-18(b)]；打开局部阻力管路进水阀[图 3-18(c)]。

(68)～(70) 打开流量调节阀，调节流量到 2 m^3/h、2.5 m^3/h、3 m^3/h[图 3-18(f)]。

(71)～(73) 关闭系统进水阀[图 3-18(a)]；打开系统排水阀[图 3-18(e)]；关闭仪表电源[图 3-19(d)]。实验操作过程正确，系统提示操作成功。

(a) 光滑管压差计各阀门位置　(b) 光滑管压差计进气阀

图 3-19

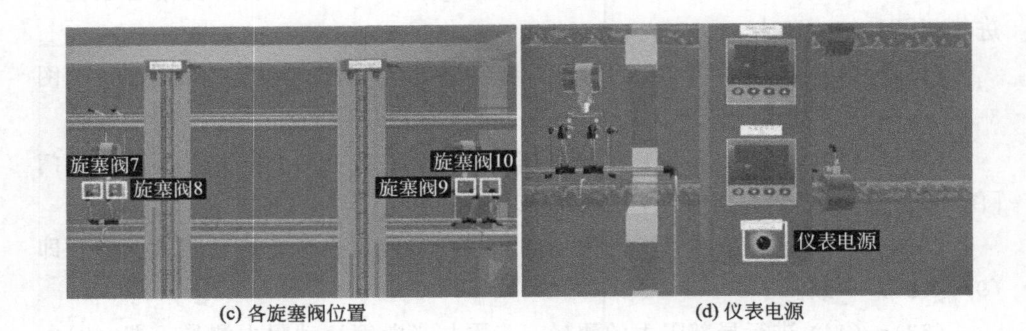

(c) 各旋塞阀位置　　(d) 仪表电源

图 3-19　光滑管压差计各阀门位置及旋塞阀和仪表电源位置

五、操作自测

左键单击操作自测菜单，进入操作自测界面[图 3-20(a)]，有时间限制，应在规定时间内完成操作自测，否则可能测试不通过。操作自测模式没有步骤提示。

六、数据处理

在完成实验操作后，左键单击数据处理菜单，可看到本次操作生成的实验数据[图 3-20(b)]。

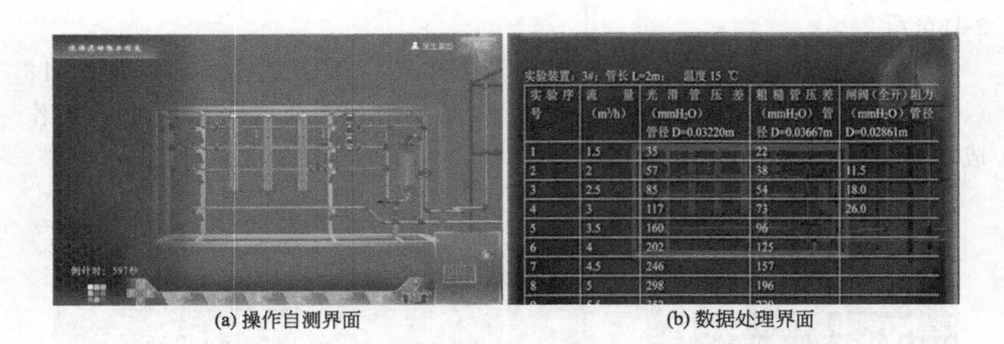

实验序号	流量 (m^3/h)	光滑管压差 (mmH_2O) 管径 D=0.03220m	粗糙管压差 (mmH_2O) 管径 D=0.03667m	闸阀(全开)阻力 (mmH_2O) 管径 D=0.02861m
1	1.5	35	22	
2	2	57	38	11.5
3	2.5	85	54	18.0
4	3	117	73	26.0
5	3.5	160	96	
6	4	202	125	
7	4.5	246	157	
8	5	298	196	

(a) 操作自测界面　　(b) 数据处理界面

图 3-20　流体流动阻力测定虚拟仿真实验操作自测和数据处理界面

七、记录回放

左键单击记录回放，可以看到自己操作的回放。

第五节 干燥速率曲线测定虚拟仿真实验

一、实验讲义

进入干燥速率曲线测定虚拟仿真实验主界面［图 3-21（a)］，左键单击实验讲义菜单，可以查看实验讲义菜单［图 3-21（b)］，点击超链接文字可以查看详细介绍。

二、实验讲解

回到软件界面图后左键单击实验讲解菜单，查看视频格式的实验操作讲义［图 3-21（c)］。

三、实验装置

回到软件界面图后左键单击实验装置菜单，进入实验装置讲解功能主页面［图 3-21（d)］。左键单击实验装置菜单，在页面点击相应的菜单或者按钮，可以查看更多信息：

① 设备标签按钮，点击可以查看设备分类标签。

② 装置零部件列表，可以查看装置零部件缩略图及名称，点击可以进一步查看三维模型及更多信息和进行更多操作。

③ 选中的零部件介绍，选中后如果有介绍会显示在此区域。

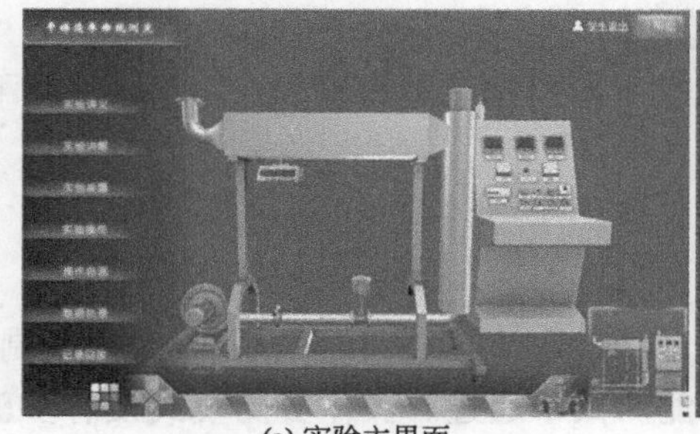

(a) 实验主界面

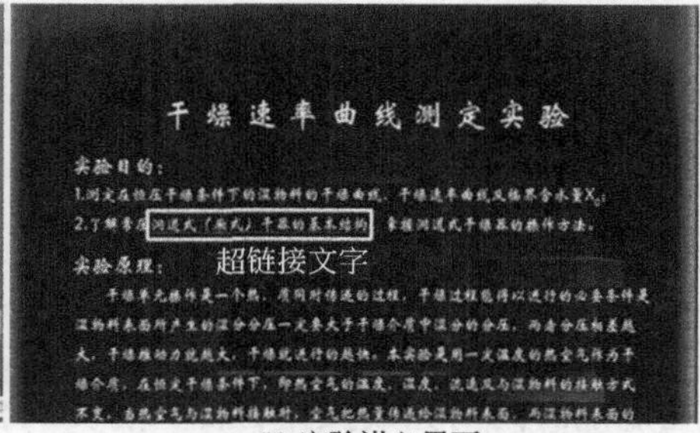

(b) 实验讲义界面

图 3-21

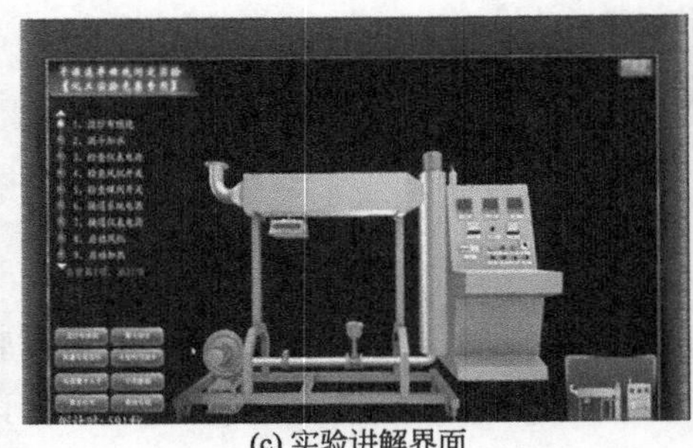

(c) 实验讲解界面

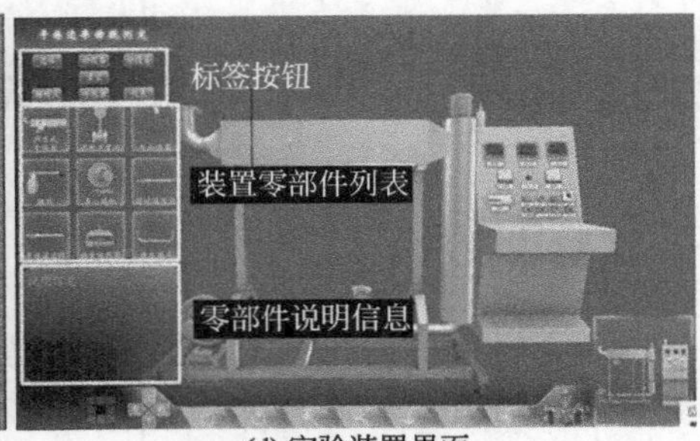

(d) 实验装置界面

图 3-21　干燥速率曲线测定实验主界面、实验讲义界面、实验讲解界面和实验装置界面

四、实验操作

(1) 和 (2) 湿纱布缠绕；漏斗加水，漏斗在仪器背后，加水至漏斗的 3/4 处 [图 3-22 (a)]。

(3) 和 (4) 检查仪表电源、风机开关，确保开关关闭 [图 3-22 (b)]。

(5)～(8) 检查蝶阀开关 [图 3-22 (c)]；接通系统电源 [图 3-22 (b)]；接通仪表电源和风机电源 [图 3-22 (b)]。

(9)～(11) 启动加热，接通变频器电源 [图 3-22 (b)]；调节风量大小 [图 3-22 (b)]。

(12)～(15) 调节毛毡面积，毛毡均匀加水，毛毡置于天平，记录数据，点左下角的按钮进行操作 [图 3-22 (d)]。

(16)～(19) 关闭加热 [图 3-22 (b)]；关闭风机，切断仪表电源 [图 3-22 (b)]；切断系统电源 [图 3-22 (b)]。

(20) 和 (21) 取出纱布和毛毡，点左下角的按钮进行操作 [图 3-22 (d)]。实验操作过程正确，系统提示操作成功。

五、操作自测

左键单击操作自测菜单，进入操作自测界面 [图 3-23 (a)]，有时间限制，应在规定时间内完成操作自测，否则可能测试不通过。操作自测模式没有步骤提示。

六、数据处理

在完成实验操作后，左键单击数据处理菜单，可以看到本次操作生成的实验数据［图 3-23（b）］。

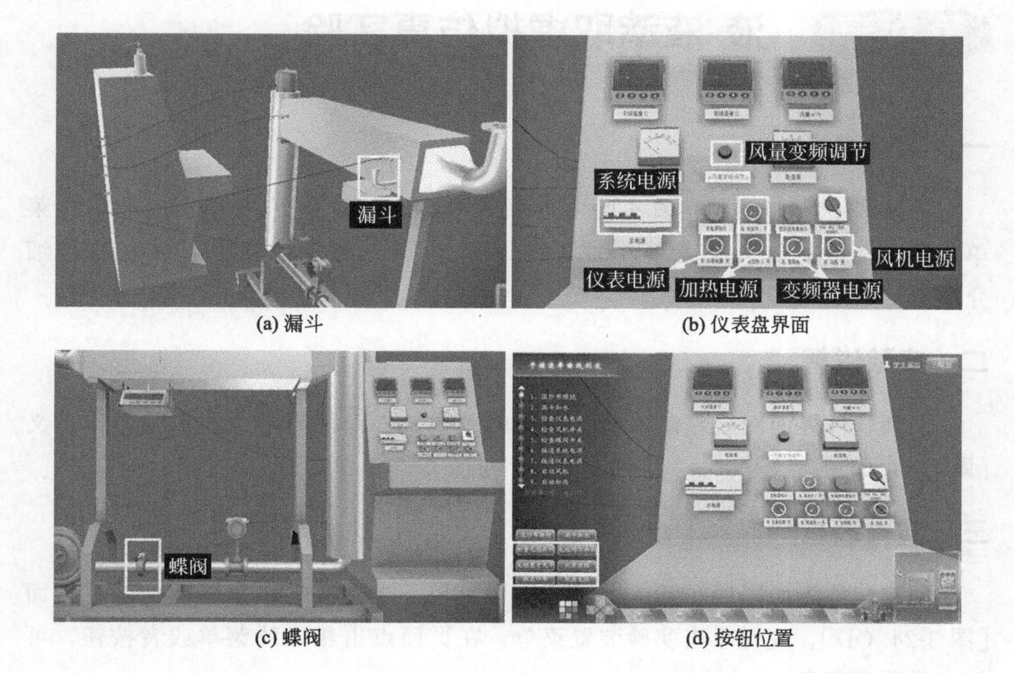

(a) 漏斗　(b) 仪表盘界面

(c) 蝶阀　(d) 按钮位置

图 3-22　干燥速率曲线测定虚拟仿真实验各操作界面

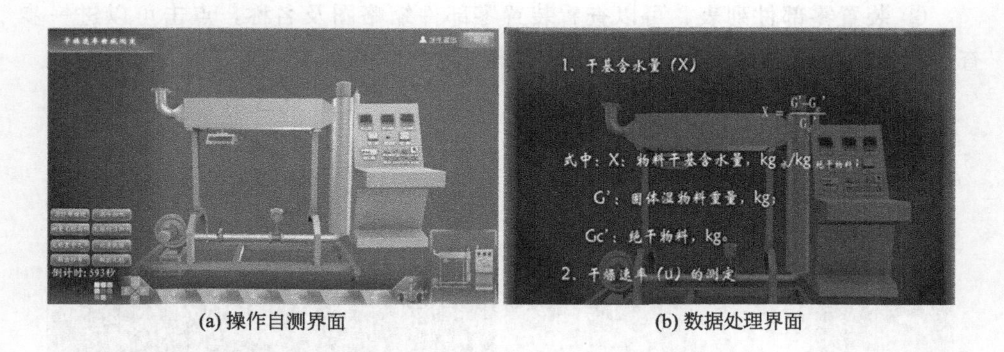

(a) 操作自测界面　(b) 数据处理界面

图 3-23　干燥速率曲线测定虚拟仿真实验操作自测和数据处理界面

七、记录回放

左键单击记录回放，可以看到自己操作的回放。

第六节 液-液萃取虚拟仿真实验

一、实验讲义

进入液-液萃取虚拟仿真实验主界面［图 3-24（a)］，左键单击实验讲义菜单，可以查看实验讲义菜单［图 3-24（b)］，点击超链接文字可以查看详细介绍。

二、实验讲解

回到软件界面图后左键单击实验讲解菜单，查看视频格式的实验操作讲义［图 3-24（c)］。

三、实验装置

回到软件界面图后左键单击实验装置菜单，进入实验装置讲解功能主页面［图 3-24（d)］。左键单击实验装置菜单，在页面点击相应的菜单或者按钮，可以查看更多信息：

① 设备标签按钮，点击可以查看设备分类标签。

② 装置零部件列表，可以查看装置零部件缩略图及名称，点击可以进一步查看三维模型及更多信息和进行更多操作。

③ 选中的零部件介绍，选中后如果有介绍会显示在此区域。

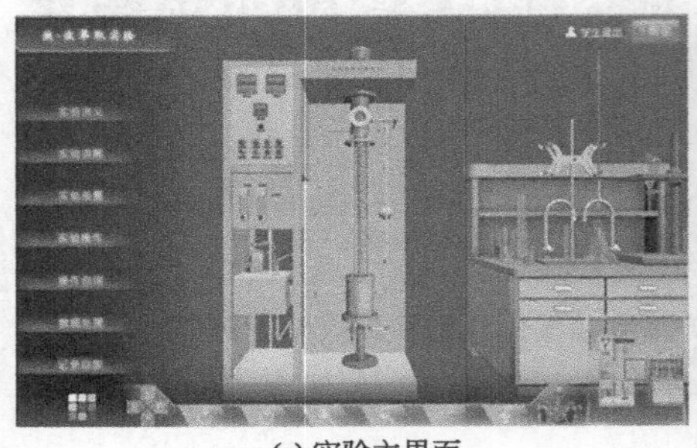

(a) 实验主界面

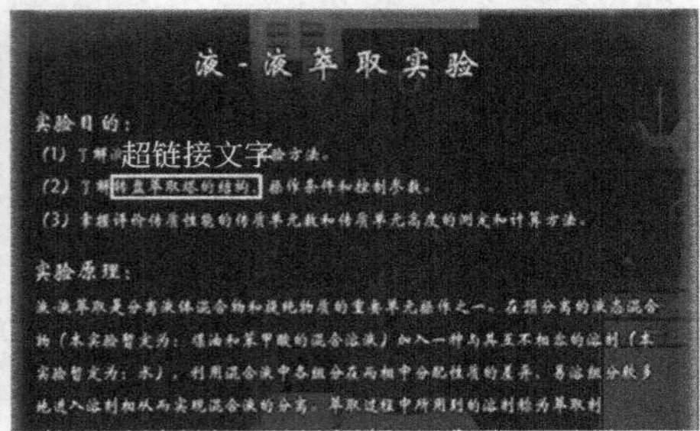

(b) 实验讲义界面

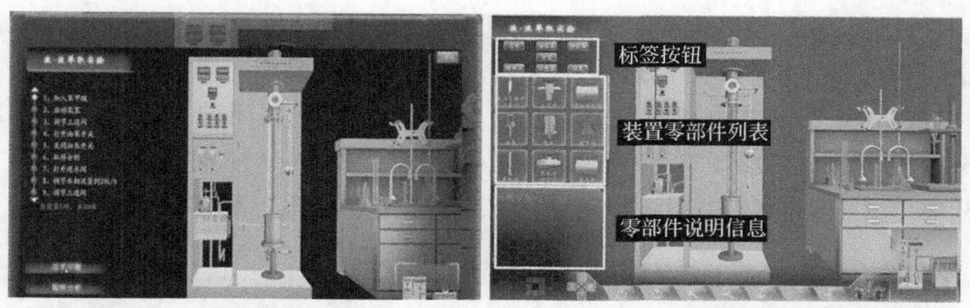

(c) 实验讲解界面　　　　(d) 实验装置界面

图 3-24　液-液萃取实验主界面、实验讲义界面、实验讲解界面和实验装置界面

四、实验操作

(1)～(4) 加入苯甲酸，点击左下侧按钮进行操作［图 3-25 (a)］；启动装置［图 3-25 (b)］；调节三通阀［图 3-25 (c)］；打开油泵开关［图 3-25 (b)］。

(a) 加苯甲酸、取样分析　　　　(b) 仪表盘界面

(c) 三通阀　　　　(d) 进水阀

图 3-25　液-液萃取虚拟仿真实验各操作界面

(5) 和 (6) 关闭油泵开关［图 3-25 (b)］；取样分析，点击左下侧按钮进行操作［图 3-25 (a)］。

(7) 和 (8) 打开进水阀［图 3-25 (d)］；调节水相流量到 20 L/h［图 3-26 (a)］。

(9)～(11) 调节三通阀［图 3-25 (c)］；打开油泵开关［图 3-25 (b)］；调节油相流量到 5L/h［图 3-26 (a)］。

(12)～(14) 将电机旋钮打到正转［图 3-25 (b)］；调节电机转速到 500 r/min［图 3-25 (b)］；取样分析，点击左下侧按钮进行操作［图 3-25 (a)］。

(15)～(20) 将电机旋钮打到停［图 3-25 (b)］；关闭油泵开关［图 3-25 (b)］；停止装置［图 3-25 (b)］；关闭进水阀［图 3-25 (d)］；打开排油阀［图 3-26 (b)］；打开排水阀［图 3-26 (b)］。实验操作过程正确，系统提示操作成功。

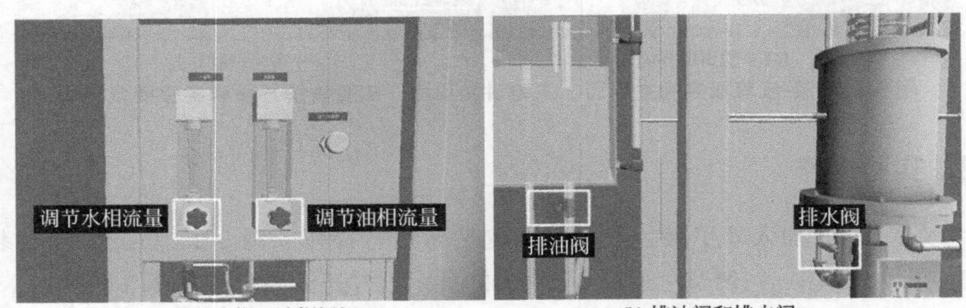

(a) 调节水相、油相阀门　　(b) 排油阀和排水阀

图 3-26　水相、油相调节及排油阀和排水阀位置

五、操作自测

左键单击操作自测菜单，进入操作自测界面［图 3-27 (a)］，有时间限制，应在规定时间内完成操作自测，否则可能测试不通过。操作自测模式没有步骤提示。

六、数据处理

在完成实验操作后，左键单击数据处理菜单，可以看到本次操作生成的实验数据［图 3-27 (b)］。

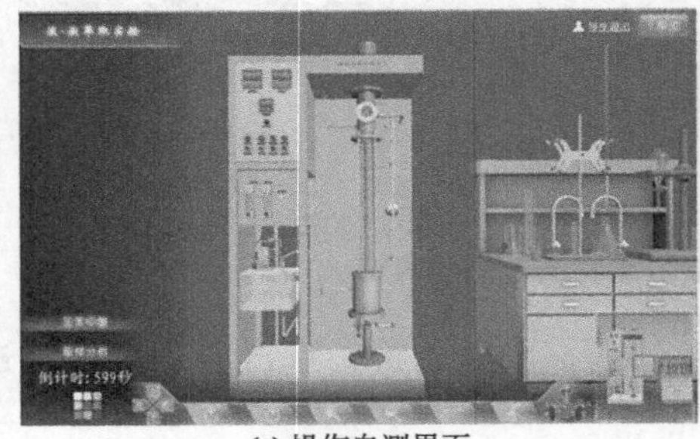

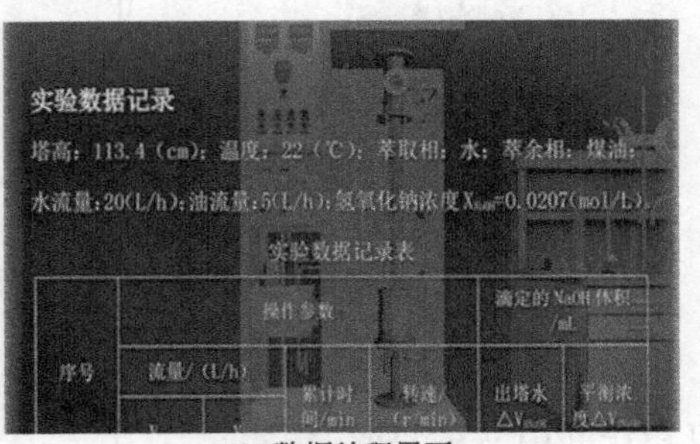

(a) 操作自测界面　　(b) 数据处理界面

图 3-27　液-液萃取虚拟仿真实验操作自测和数据处理界面

七、记录回放

左键单击记录回放，可以看到自己操作的回放。

第七节 精馏虚拟仿真实验

一、实验讲义

进入精馏虚拟仿真实验主界面［图 3-28（a）］，左键单击实验讲义菜单，可以查看实验讲义菜单［图 3-28（b）］，点击超链接文字可以查看详细介绍。

二、实验讲解

回到软件界面图后左键单击实验讲解菜单，查看视频格式的实验操作讲义［图 3-28（c）］。

三、实验装置

回到软件界面图后左键单击实验装置菜单，进入实验装置讲解功能主页面［图 3-28（d）］。左键单击实验装置菜单，在页面点击相应的菜单或者按钮，可以查看更多信息：

① 设备标签按钮，点击可以查看设备分类标签。

② 装置零部件列表，可以查看装置零部件缩略图及名称，点击可以进一步查看三维模型及更多信息和进行更多操作。

③ 选中的零部件介绍，选中后如果有介绍会显示在此区域。

(a) 实验主界面

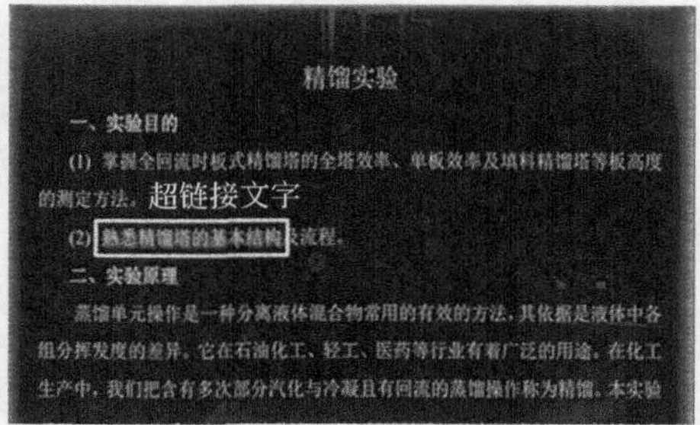

精馏实验

一、实验目的

(1) 掌握全回流时板式精馏塔的全塔效率、单板效率及填料精馏塔等板高度的测定方法。超链接文字

(2) 熟悉精馏塔的基本结构及流程。

二、实验原理

蒸馏单元操作是一种分离液体混合物常用的有效的方法，其依据是液体中各组分挥发度的差异，它在石油化工、轻工、医药等行业有着广泛的用途，在化工生产中，我们把含有多次部分汽化与冷凝且有回流的蒸馏操作称为精馏，本实验

(b) 实验讲义界面

图 3-28

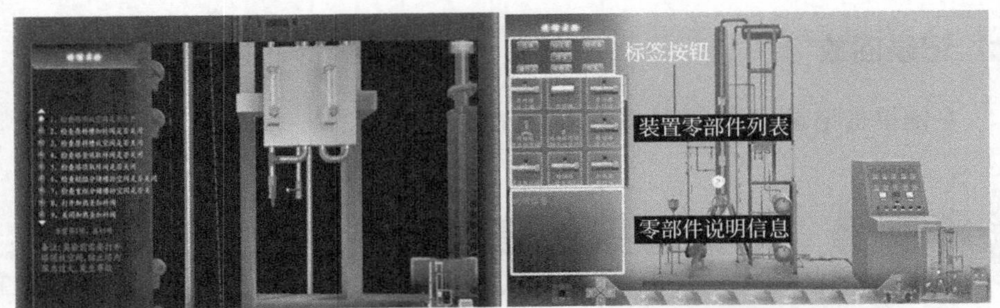

(c) 实验讲解界面　　(d) 实验装置界面

图 3-28　精馏实验主界面、实验讲义界面、实验讲解界面和实验装置界面

四、实验操作

(1) 打开塔顶放空阀，防止塔内压力过大，发生事故［图 3-29 (a)］。

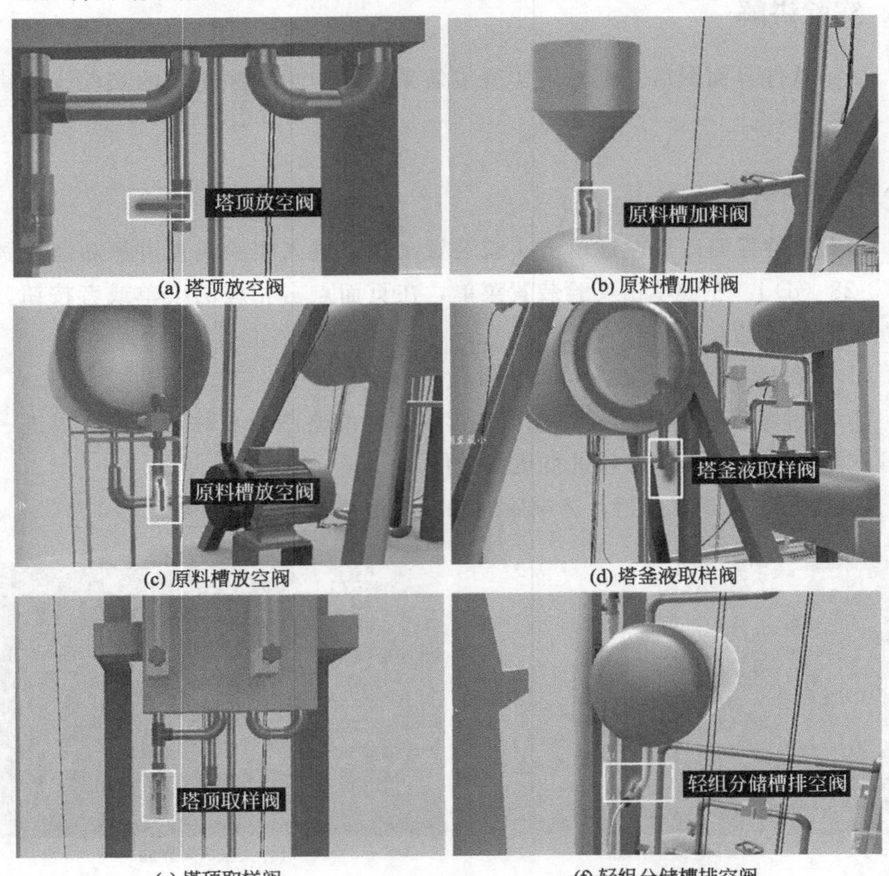

(a) 塔顶放空阀　　(b) 原料槽加料阀

(c) 原料槽放空阀　　(d) 塔釜液取样阀

(e) 塔顶取样阀　　(f) 轻组分储槽排空阀

图 3-29　精馏实验装置各阀门位置

(2)～(6) 关闭原料槽加料阀 [图 3-29 (b)]；关闭原料槽放空阀 [图 3-29 (c)]；关闭塔釜液取样阀 [图 3-29 (d)]；关闭塔顶取样阀 [图 3-29 (e)]；关闭轻组分储槽排空阀 [图 3-29 (f)]。

(7)～(9) 关闭重组分储槽排空阀 [图 3-30 (a)]；打开加热釜加料阀，关闭加热釜加料阀 [图 3-30 (b)]。

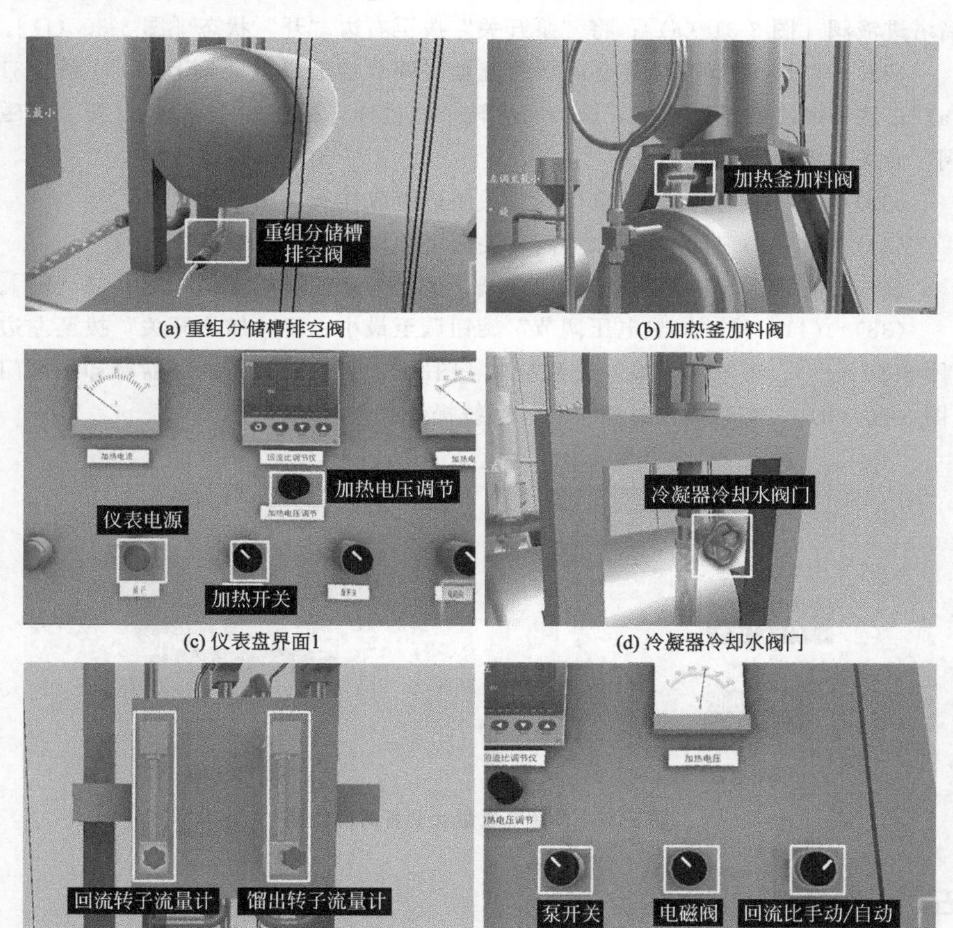

(a) 重组分储槽排空阀　(b) 加热釜加料阀
(c) 仪表盘界面1　(d) 冷凝器冷却水阀门
(e) 回流和馏出转子流量计　(f) 仪表盘界面2

图 3-30　精馏虚拟仿真实验各操作界面

(10)～(13) 打开仪表电源；将“加热电压调节”旋钮左调至最小；将“加热开关”拨至右边；缓慢调大“加热电压调节”[图 3-30 (c)]。

(14)～(17) 打开冷凝器冷却水阀门 [图 3-30 (d)]；打开回流转子流量计，关闭馏出转子流量计 [图 3-30 (e)]；将“回流比手动/自动”开关拨至手动

[图 3-30 (f)]。

(18) 和 (19) 打开塔顶取样阀，关闭塔顶取样阀 [图 3-29 (e)]。

(20) 和 (21) 打开塔釜液取样阀、关闭塔釜液取样阀 [图 3-29 (d)]。

(22) 和 (23) 打开原料槽加料阀、关闭原料槽加料阀 [图 3-29 (b)]。

(24)～(27) 打开精馏塔进液调节阀，打开精馏塔进液转子流量计，打开精馏塔进液阀 [图 3-31 (a)]；将“泵开关”拨至右边“开”状态 [图 3-30 (f)]。

(28)～(31) 调节进料量至适当的流量（调节精馏塔进液调节阀）[图 3-31 (a)]；调节馏出转子流量计，调节回流转子流量计 [图 3-30 (e)]；打开“电磁阀”开关 [图 3-30 (f)]。

(32) 和 (33) 打开进液取样阀，关闭进液取样阀 [图 3-31 (a)]。

(34) 和 (35) 打开塔顶取样阀，关闭塔顶取样阀 [图 3-29 (e)]。

(36) 和 (37) 打开塔顶釜液取样阀，关闭塔顶釜液取样阀 [图 3-31 (b)]。

(38)～(41) 将“加热电压调节”旋钮调至最小；将“加热开关”拨至左边 [图 3-30 (c)]；将“泵开关”拨至左边 [图 3-30 (f)]；关闭冷凝器冷却水阀门 [图 3-30 (d)]。实验操作过程正确，系统提示操作成功。

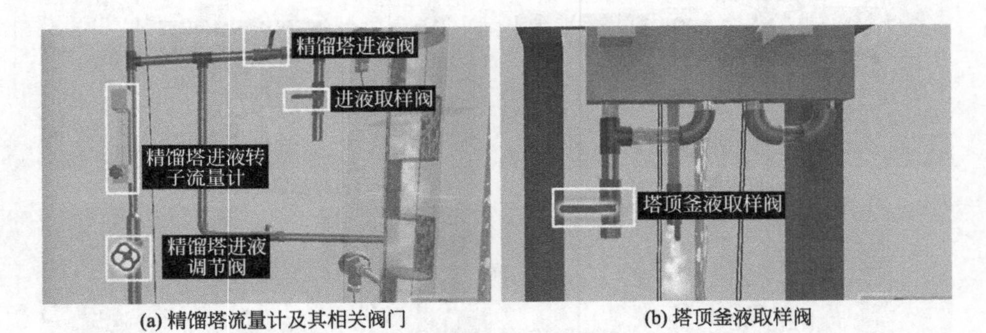

(a) 精馏塔流量计及其相关阀门　　(b) 塔顶釜液取样阀

图 3-31　精馏塔流量计及各阀门位置

五、操作自测

左键单击操作自测菜单，进入操作自测界面 [图 3-32 (a)]，有时间限制，应在规定时间内完成操作自测，否则可能测试不通过。操作自测模式没有步骤提示。

六、数据处理

在完成实验操作后，左键单击数据处理菜单，可以看到本次操作生成的实验数据［图 3-32（b）］。

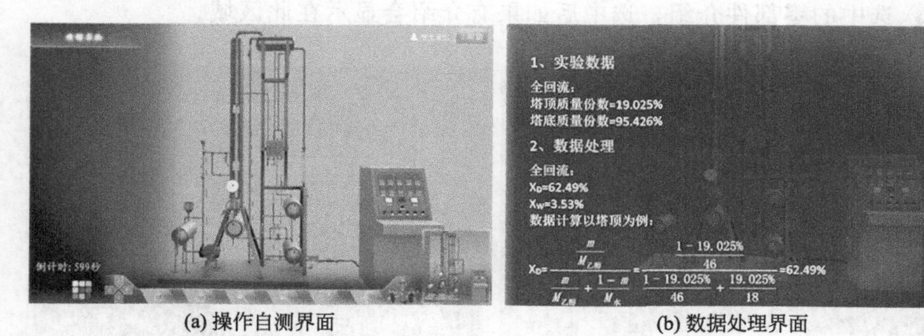

(a) 操作自测界面　　(b) 数据处理界面

图 3-32　精馏虚拟仿真实验操作自测和数据处理界面

七、记录回放

左键单击记录回放，可以看到自己操作的回放。

第八节　对流给热系数测定虚拟仿真实验

一、实验讲义

进入对流给热系数（又叫对流传热系数）测定虚拟仿真实验主界面［图 3-33（a）］，左键单击实验讲义菜单，可以查看实验讲义菜单［图 3-33（b）］，点击超链接文字可以查看详细介绍。

二、实验讲解

回到软件界面图后左键单击实验讲解菜单，查看视频格式的实验操作讲义［图 3-33（c）］。

三、实验装置

回到软件界面图后左键单击实验装置菜单，进入实验装置讲解功能主页面［图 3-33（d）］。左键单击实验装置菜单，在页面点击相应的菜单或者按钮，可以查看更多信息：

① 设备标签按钮，点击可以查看设备分类标签。

② 装置零部件列表，可以查看装置零部件缩略图及名称，点击可以进一步

查看三维模型及更多信息和进行更多操作。

③ 选中的零部件介绍，选中后如果有介绍会显示在此区域。

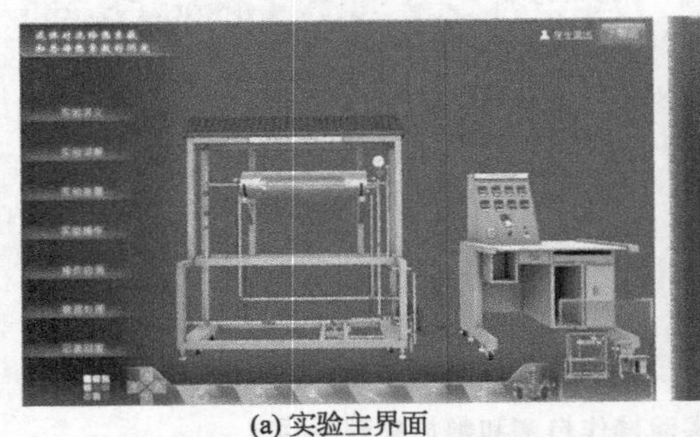

(a) 实验主界面

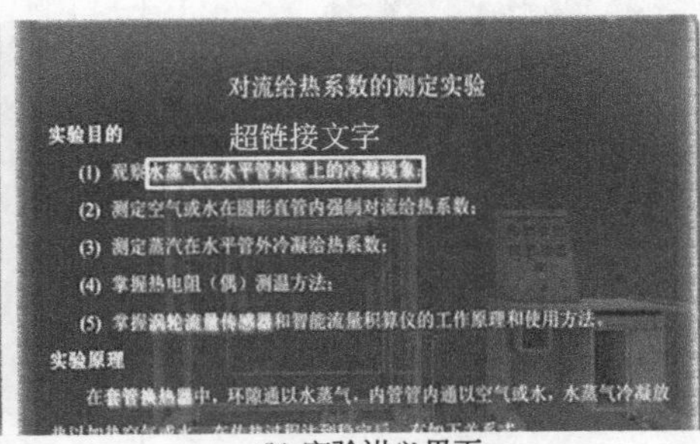

(b) 实验讲义界面

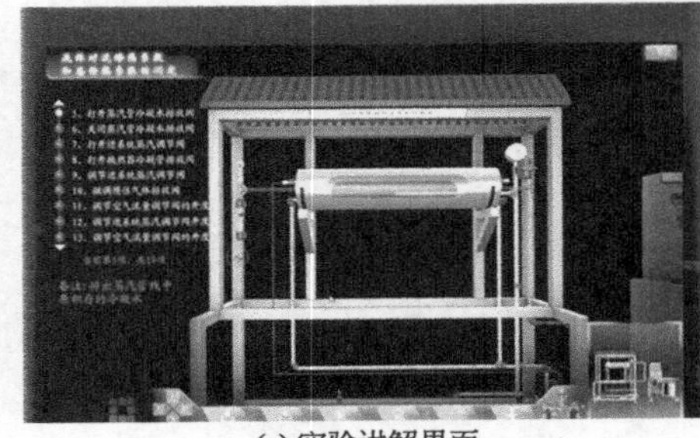

(c) 实验讲解界面

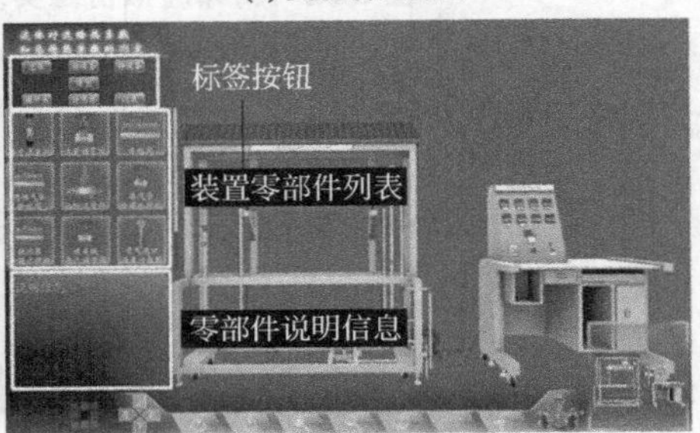

(d) 实验装置界面

图 3-33　对流给热系数测定实验主界面、实验讲义界面、实验讲解界面和实验装置界面

四、实验操作

(1)～(4) 关闭进系统蒸汽调节阀［图 3-34 (a)］；打开总电源开关，启动空气压缩机［图 3-34 (b)］；调节流量调节阀［图 3-34 (c)］。

(5) 和 (6) 打开蒸汽管冷凝水排放阀，关闭蒸汽管冷凝水排放阀［图 3-34 (d)］。

(7) 和 (8) 打开进系统蒸汽调节阀［图 3-34 (a)］；打开换热器冷凝管排放阀［图 3-34 (e)］。

(9) 和 (10) 调节进系统蒸汽调节阀［图 3-34 (a)］；微调惰性气体排放阀［图 3-34 (f)］。

(11)～(17) 调节空气流量调节阀的开度［图 3-34 (c)］；调节进系统蒸汽调节阀的开度［图 3-34 (a)］，重复两次，然后关闭进系统蒸汽调节阀［图 3-34 (a)］

(18) 和 (19) 关闭空气压缩机电源开关，关闭总电源［图 3-34 (b)］。实验操作过程正确，系统提示操作成功。

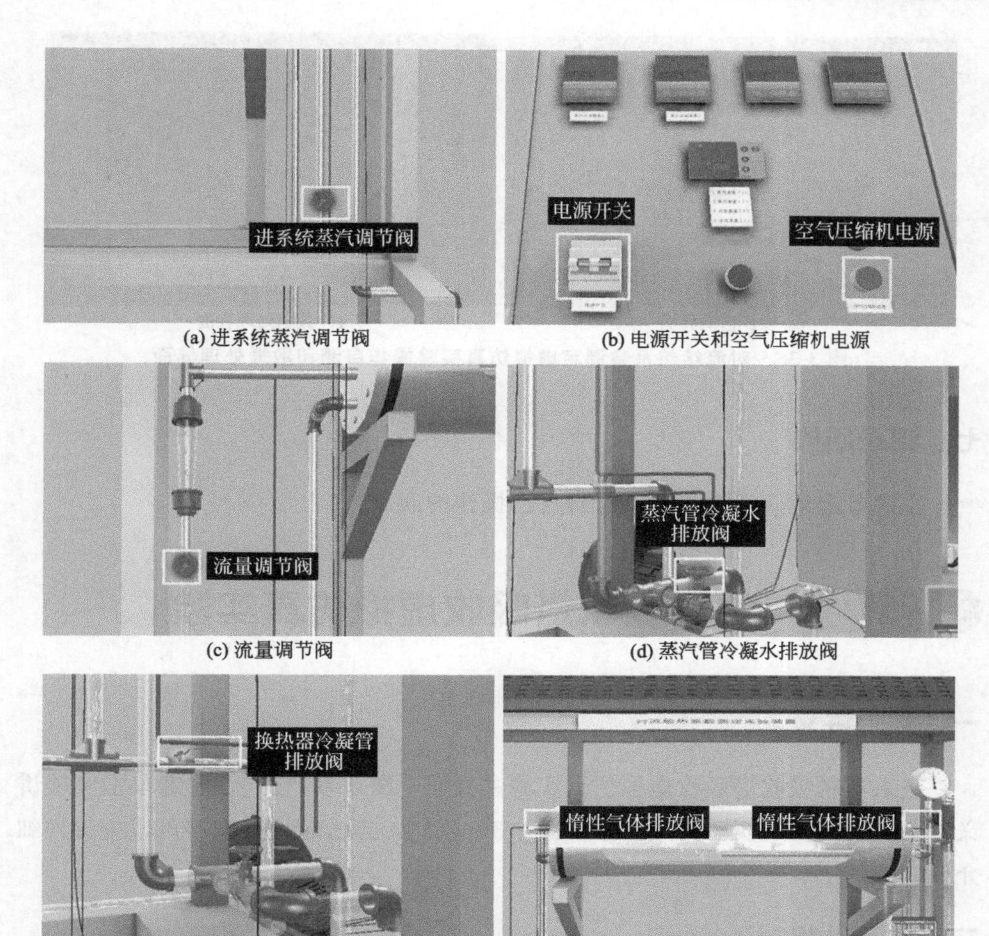

(a) 进系统蒸汽调节阀　(b) 电源开关和空气压缩机电源

(c) 流量调节阀　(d) 蒸汽管冷凝水排放阀

(e) 换热器冷凝管排放阀　(f) 惰性气体排放阀

图 3-34　对流给热系数测定虚拟仿真实验各操作界面

五、操作自测

左键单击操作自测菜单，进入操作自测界面［图 3-35（a）］，有时间限制，应在规定时间内完成操作自测，否则可能测试不通过。操作自测模式没有步骤提示。

六、数据处理

在完成实验操作后，左键单击数据处理菜单，可以看到本次操作生成的实验数据［图 3-35（b）］。

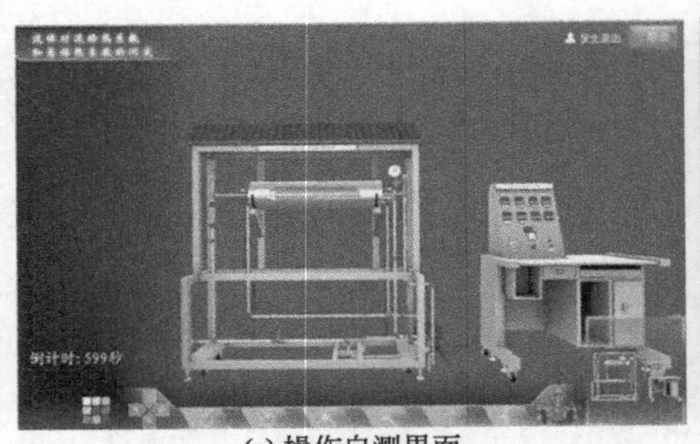

(a) 操作自测界面

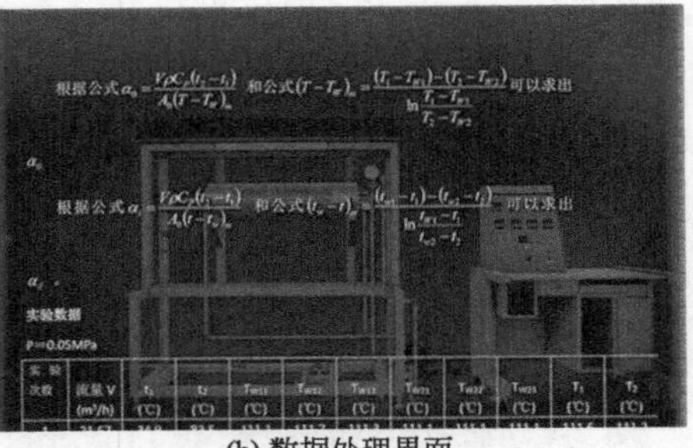

(b) 数据处理界面

图 3-35　对流给热系数测定虚拟仿真实验操作自测和数据处理界面

七、记录回放

左键单击记录回放，可以看到自己操作的回放。

第九节　填料吸收塔吸收虚拟仿真实验

一、实验讲义

进入填料吸收塔吸收虚拟仿真实验主界面［图 3-36（a）］，左键单击实验讲义菜单，可以查看实验讲义菜单［图 3-36（b）］，点击超链接文字可以查看详细介绍。

二、实验讲解

回到软件界面图后左键单击实验讲解菜单，查看视频格式的实验操作讲义［图 3-36（c）］。

三、实验装置

回到软件界面图后左键单击实验装置菜单，进入实验装置讲解功能主页面［图 3-36（d）］。左键单击实验装置菜单，在页面点击相应的菜单或者按钮，可以查看更多信息：

① 设备标签按钮，点击可以查看设备分类标签。

② 装置零部件列表，可以查看装置零部件缩略图及名称，点击可以进一步查看三维模型及更多信息和进行更多操作。

③ 选中的零部件介绍，选中后如果有介绍会显示在此区域。

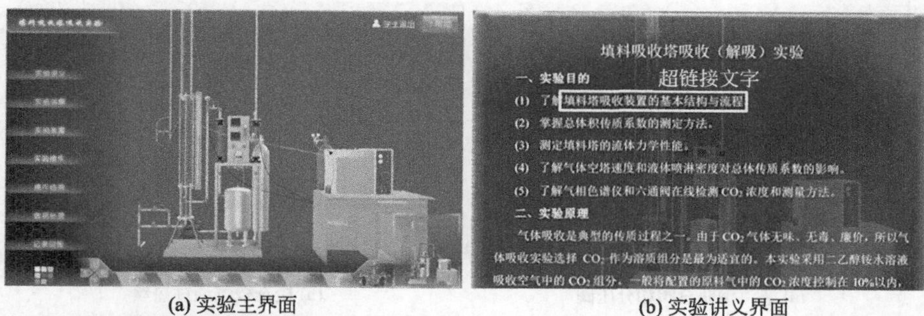

(a) 实验主界面　　(b) 实验讲义界面

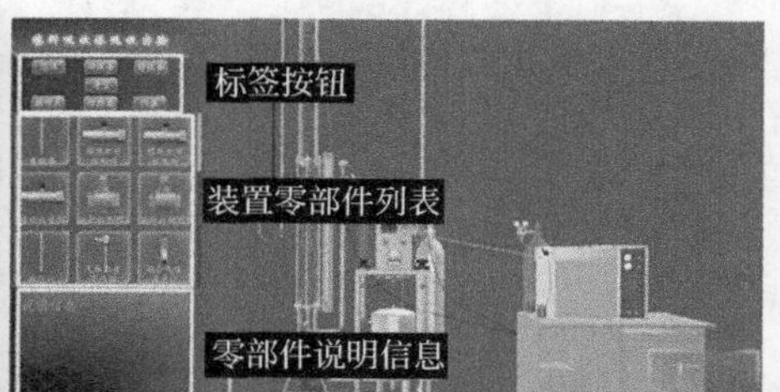

(c) 实验讲解界面　　(d) 实验装置界面

图 3-36　填料吸收塔吸收实验主界面、实验讲义界面、实验讲解界面和实验装置界面

四、实验操作

(1)～(4) 打开氢气钢瓶总阀，调节氢气钢瓶分压阀［图 3-37 (a)］；检查载气通过热丝，点击左下方按钮进行操作［图 3-37 (b)］；打开色谱电源［图 3-37 (c)］。

(5) 设定检测室温度，根据左侧备注进行设置：在面板上点击设定，显示屏上显示 DT，然后再点击 110，显示屏上显示 DT-110［图 3-37 (d)］。

(6) 设定进样室温度，根据左侧备注进行设置：在面板上点击设定，显示屏上显示 IT，然后再点击 110，显示屏上显示 IT-110［图 3-37 (e)］。

(7) 设定柱室温度，根据左侧备注进行设置：在面板上点击设定，显示屏上显示 OV，然后再点击 100，显示屏上显示 OV-100［图 3-37 (f)］。

(8) 点击加热键［图 3-37 (f)］。

(9) 和 (10) 设定桥流，根据左侧备注进行设置：在面板上点击桥流，显示屏上显示 CU，然后再点击 120，显示屏上显示 CU-120［图 3-38 (a)］；查看衰减是否为 1［图 3-38 (b)］。

(11) 打开在线工作站［图 3-38 (c)］，出现通道选择界面［图 3-38 (d)］。

(12) 选择积分方法［图 3-38 (e)］，选择面积归一法［图 3-38 (f)］。

(13) 设定谱图显示［图 3-39 (a)］，根据左侧备注进行设置：点击方法中

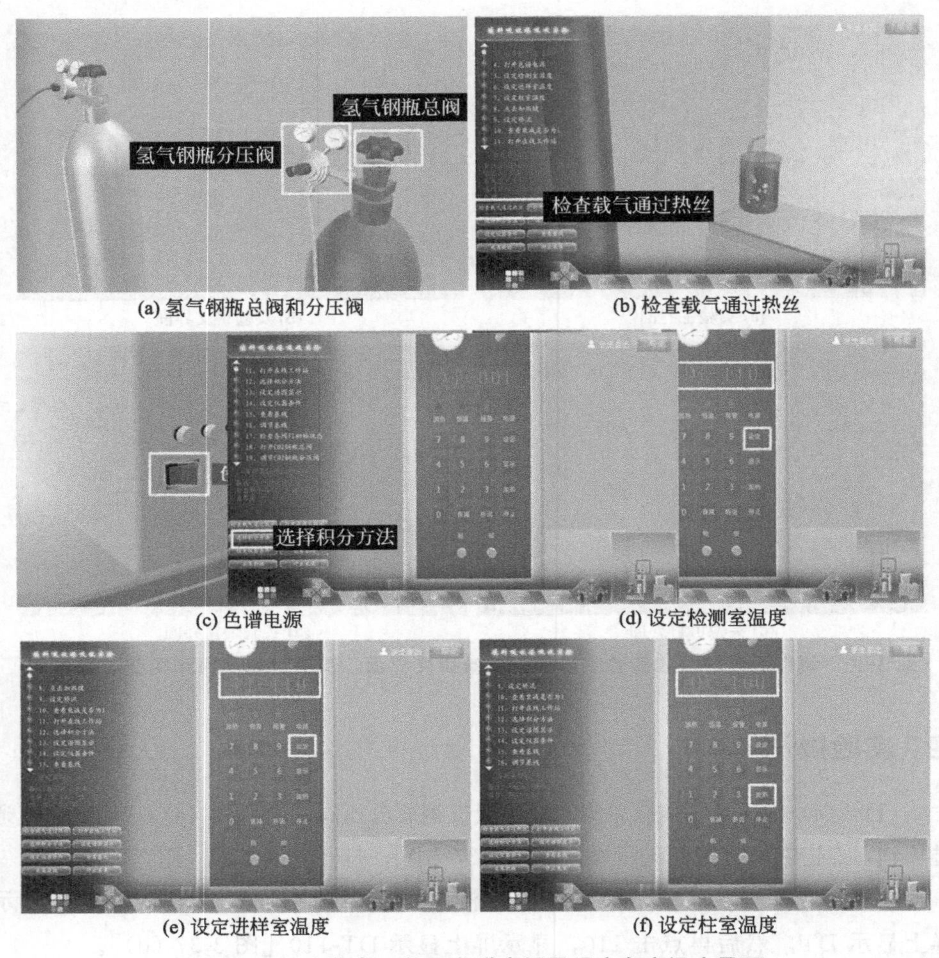

(a) 氢气钢瓶总阀和分压阀　(b) 检查载气通过热丝

(c) 色谱电源　(d) 设定检测室温度

(e) 设定进样室温度　(f) 设定柱室温度

图 3-37　通入氢气、打开色谱电源及设定各室温度界面

的谱图显示，设定显示时间小于 5min，注释内容为含量 [图 3-39 (b)]。

(14) 设定仪器条件 [图 3-39 (c)]，根据左侧备注进行设置：点击方法中的仪器条件，类型选择 TCD [图 3-39 (d)]。

(15) 和 (16) 查看基线 [图 3-39 (e)]，根据左侧备注进行设置：点击数据采集中的查看基线按钮，出现基线图 [图 3-39 (f)]；调节基线 [图 3-39 (e)]。

(17) 检查各阀门初始状态：混合罐通 CO_2 阀、塔顶放空阀、液封控制阀 1、塔底管道泄压阀初始状态为开启；其他阀门初始状态为关闭 [图 3-40 (a)]。

(18) 和 (19) 打开 CO_2 钢瓶总阀，调节 CO_2 钢瓶分压阀 [图 3-40 (b)]。

(20)～(24) 打开仪表电源开关 [图 3-40 (c)]；调节吸收剂流量调节阀 [图 3-40 (d)]；调节塔顶放空阀 [图 3-40 (e)]；调节液封控制阀 2 [图 3-40

(a) 设定桥流　(b) 查看衰减是否为1

(c) 打开在线工作站　(d) 出现通道选择界面

(e) 选择积分方法　(f) 选择积分方法界面

图 3-38　设定桥流及色谱设置界面

(f)]；启动风机 [图 3-40 (c)]。

(25)～(28) 打开混合罐空气进气阀 [图 3-41 (a)]；调节 CO_2 转子流量计 [图 3-41 (b)]；打开混合气体流量调节阀 [图 3-41 (c)]；打开塔底测样控制阀 [图 3-40 (e)]。

(29)～(32) 采集数据 [图 3-41 (d)]；转动“六通阀”到进样，转动“六通阀”回到取样 [图 3-41 (e)]；停止采集 [图 3-41 (e)]。

(33) 改变水流量，调节吸收剂流量调节阀 [图 3-40 (d)]。

(34)～(37) 采集数据 [图 3-41 (d)]；转动“六通阀”到进样，转动“六通阀”回到取样 [图 3-41 (e)]；停止采集 [图 3-41 (e)]。

(a) 设定谱图显示　(b) 设定谱图显示界面

(c) 设定仪器条件　(d) 设定仪器条件界面

(e) 查看基线和调节基线　(f) 查看基线界面

图 3-39　谱图显示设定、仪器条件设定及基线调节

(38) 和 (39) 关闭塔底测样控制阀 [图 3-40 (e)]；改变水流量，调节吸收剂流量调节阀 [图 3-40 (d)]。

(40) 打开塔顶测样控制阀 [图 3-40 (e)]。

(41)～(44) 采集数据 [图 3-41 (d)]；转动“六通阀”到进样，转动“六通阀”回到取样 [图 3-41 (e)]；停止采集 [图 3-41 (e)]。

(45) 改变水流量，调节吸收剂流量调节阀 [图 3-40 (d)]。

(46)～(49) 采集数据 [图 3-41 (d)]；转动“六通阀”到进样，转动“六通阀”回到取样 [图 3-41 (e)]；停止采集 [图 3-41 (e)]。

(50)～(52) 关闭塔顶测样控制阀 [图 3-40 (e)]；关闭混合气体流量调节

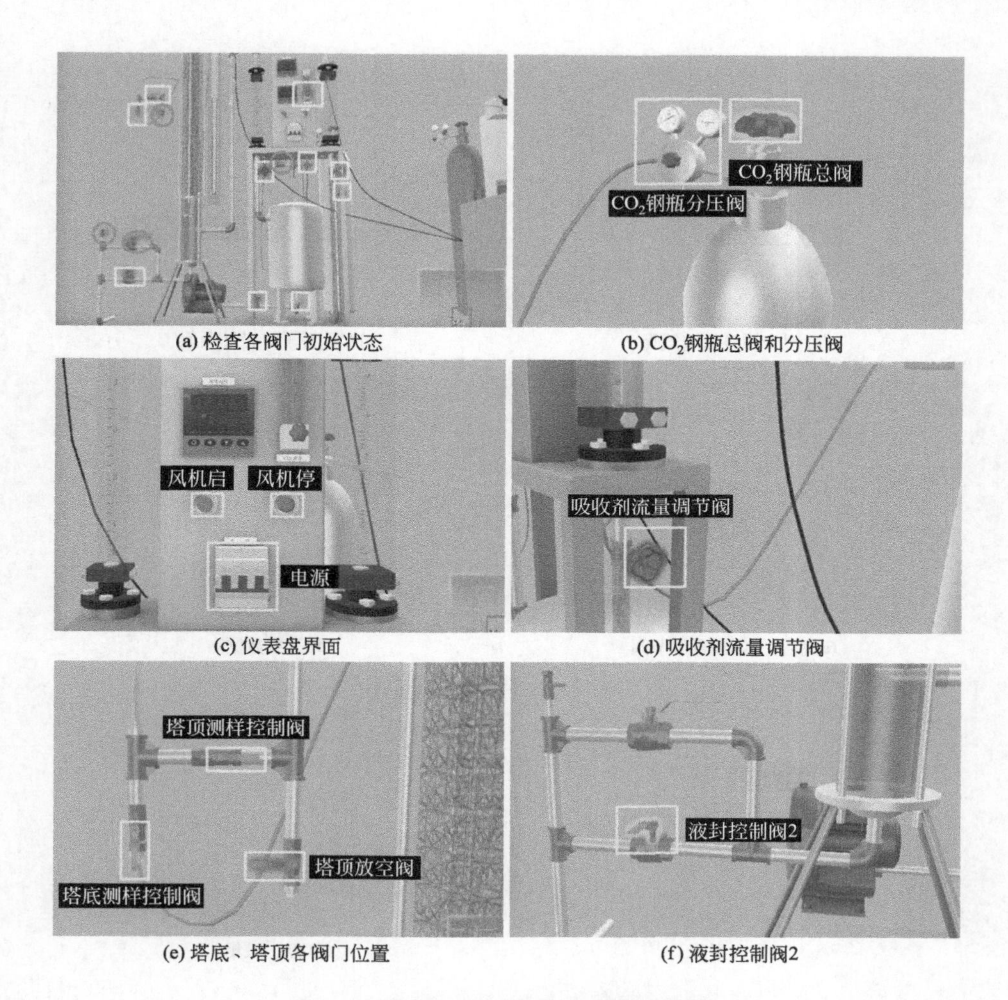

(a) 检查各阀门初始状态　(b) CO_2钢瓶总阀和分压阀

(c) 仪表盘界面　(d) 吸收剂流量调节阀

(e) 塔底、塔顶各阀门位置　(f) 液封控制阀2

图 3-40　色谱各阀门位置及采集数据操作

阀［图 3-41（c）］；关闭风机［图 3-40（c）］。

(53)～(55) 关闭 CO_2 转子流量计［图 3-41（b）］；关闭 CO_2 钢瓶总阀，关闭 CO_2 钢瓶分压阀［图 3-40（b）］。

(56) 和 (57) 关闭吸收剂流量调节阀［图 3-40（d）］；关闭液封控制阀 2［图 3-40（f）］。

(58) 和 (59) 设定桥流为 0，根据左侧备注进行设置：在面板上点击桥流，显示屏上显示 CU，然后再点击 0，显示屏上显示 CU-000［图 3-42（a）］；按下“停止”键停止加热［图 3-42（b）］。

(60)～(64) 打开工作室门［图 3-42（c）］；关闭氢气钢瓶总阀［图 3-37

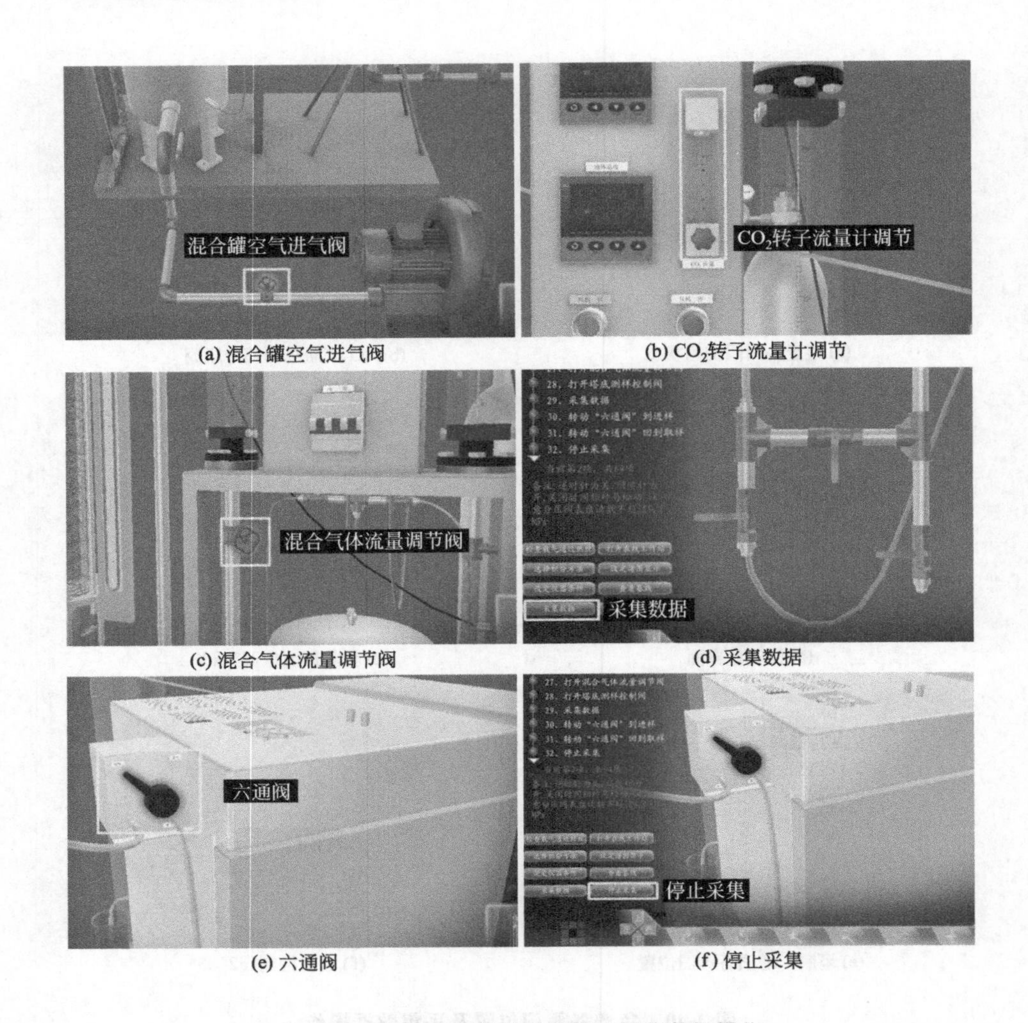

(a) 混合罐空气进气阀　(b) CO_2转子流量计调节

(c) 混合气体流量调节阀　(d) 采集数据

(e) 六通阀　(f) 停止采集

图 3-41　色谱各阀门位置及停止采集数据操作

(a)]；关闭氢气钢瓶分压阀［图 3-37（a)]；关闭色谱电源［图 3-37（c)]；关闭工作室门［图 3-42（d)]。实验操作过程正确，系统提示操作成功。

五、操作自测

左键单击操作自测菜单，进入操作自测界面［图 3-43（a)]，有时间限制，应在规定时间内完成操作自测，否则可能测试不通过。操作自测模式没有步骤提示。

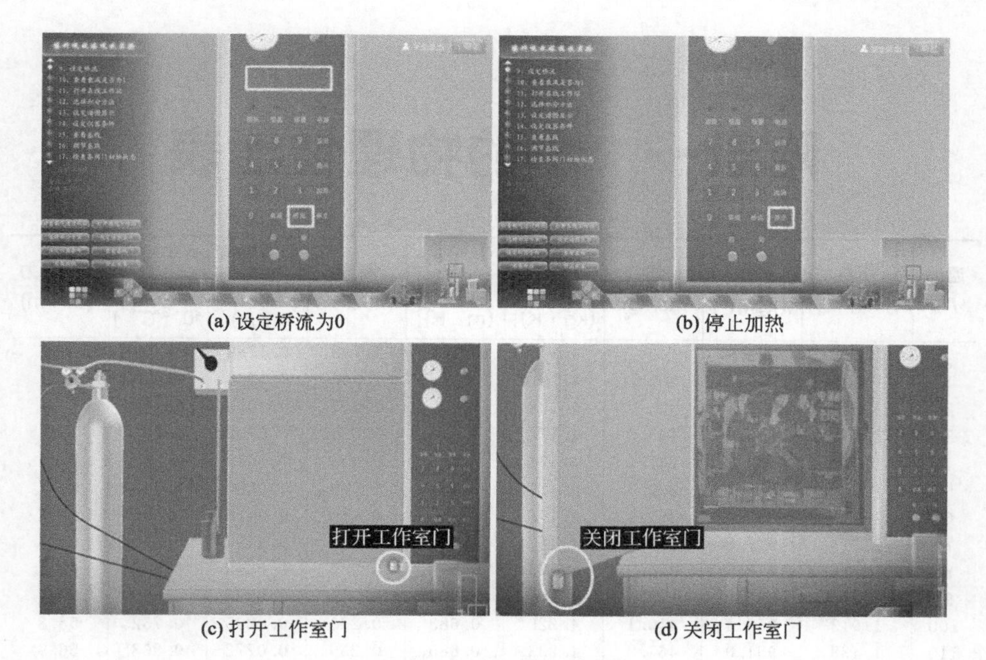

(a) 设定桥流为0　　(b) 停止加热

(c) 打开工作室门　　(d) 关闭工作室门

图 3-42　关闭色谱操作

六、数据处理

在完成实验操作后，左键单击数据处理菜单，可以看到本次操作生成的实验数据［图 3-43（b）］。

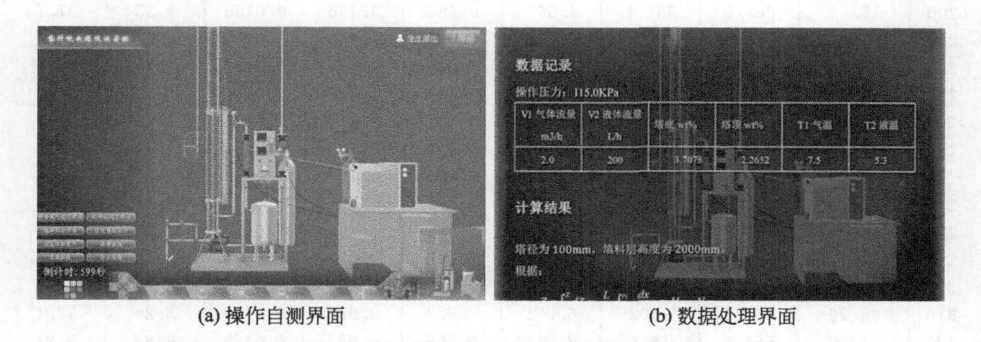

(a) 操作自测界面　　(b) 数据处理界面

图 3-43　填料吸收塔吸收虚拟仿真实验操作自测和数据处理界面

七、记录回放

左键单击记录回放，可以看到自己操作的回放。

附录一 水的物理性质表

温度/℃	压力/($\times 10^5$Pa)	密度/(kg/m^3)	焓/kJ/kg	比热容/[kJ/(kg·K)]	热导率/[W/(m·K)]	黏度/mPa·s	运动黏度/($10^{-5}\times m^2/s$)	体积膨胀系数/($\times 10^{-3}℃^{-1}$)	表面张力/(mN/m)
0	1.013	999.9	0	4.212	0.551	1.789	0.1789	−0.063	75.6
10	1.013	999.7	42.0	4.191	0.575	1.305	0.1306	0.070	74.1
20	1.013	998.2	83.9	4.183	0.599	1.005	0.1006	0.182	72.7
30	1.013	995.7	125.8	4.174	0.618	0.801	0.0805	0.321	71.2
40	1.013	992.2	167.5	4.174	0.634	0.653	0.0659	0.387	69.6
50	1.013	988.1	209.3	4.174	0.648	0.549	0.0556	0.449	67.7
60	1.013	983.2	251.1	4.178	0.659	0.470	0.0478	0.511	66.2
70	1.013	977.8	293.0	4.187	0.668	0.406	0.4150	0.570	64.3
80	1.013	971.8	334.9	4.195	0.675	0.355	0.0365	0.632	62.6
90	1.013	965.3	377.0	4.208	0.680	0.315	0.0326	0.695	60.7
100	1.013	958.4	419.1	4.220	0.683	0.283	0.0295	0.752	58.8
110	1.433	951.0	461.3	4.233	0.685	0.259	0.0272	0.808	56.9
120	1.986	943.1	503.7	4.250	0.686	0.237	0.0252	0.864	54.8
130	2.702	934.8	546.4	4.266	0.686	0.218	0.0233	0.919	52.8
140	3.624	926.1	589.1	4.287	0.685	0.201	0.0217	0.972	50.7
150	4.761	917.0	632.2	4.312	0.684	0.186	0.0203	1.03	48.6
160	6.481	907.4	675.3	4.346	0.683	0.173	0.0191	1.07	46.6
170	7.924	897.3	719.3	4.386	0.679	0.163	0.0181	1.13	45.3
180	10.03	886.9	763.3	4.417	0.675	0.153	0.0173	1.19	42.3
190	12.55	876.0	807.6	4.459	0.670	0.144	0.0165	1.26	40.0
200	15.54	863.0	852.4	4.505	0.663	0.136	0.0158	1.33	37.7
210	19.07	852.8	897.6	4.555	0.655	0.130	0.0153	1.41	35.4
220	23.20	840.3	943.7	4.614	0.645	0.124	0.0148	1.48	33.1
230	27.98	827.3	990.2	4.681	0.637	0.120	0.0145	1.59	31.0
240	33.47	813.6	1038	4.756	0.628	0.115	0.0141	1.68	28.5
250	39.77	799.0	1086	4.844	0.618	0.110	0.0137	1.81	26.2
260	46.93	784.0	1135	4.949	0.604	0.106	0.0135	1.97	23.8
270	55.03	767.9	1185	5.070	0.590	0.102	0.0133	2.16	21.5
280	64.16	750.7	1237	5.229	0.575	0.098	0.0131	2.37	19.1
290	74.42	732.3	1290	5.485	0.558	0.094	0.0129	2.62	16.9
300	85.81	712.5	1345	5.730	0.540	0.091	0.0128	2.92	14.4
310	98.76	691.1	1402	6.071	0.523	0.088	0.0128	3.29	12.1
320	113.0	667.1	1462	6.573	0.506	0.085	0.0128	3.82	9.81
330	128.7	640.2	1526	7.24	0.484	0.081	0.0127	4.33	7.67
340	146.1	610.1	1595	8.16	0.47	0.077	0.0127	5.34	5.67
350	165.3	574.4	1671	9.50	0.43	0.073	0.0126	6.68	3.81
360	189.6	528.0	1761	13.98	0.40	0.067	0.0126	10.9	2.02
370	210.4	450.5	1892	40.32	0.34	0.057	0.0126	26.4	4.71

附录二 干空气的物理性质表（101.3kPa）

温度/℃	密度/(kg/m³)	定压比热容/[kJ/(kg·K)]	热导率/[×10⁻² W/(m·K)]	黏度/(×10⁻⁵Pa·s)	普朗特数 Pr
−50	1.584	1.013	2.035	1.46	0.728
−40	1.515	1.013	2.117	1.52	0.782
−30	1.453	1.013	2.198	1.57	0.723
−20	1.395	1.009	2.279	1.62	0.716
−10	1.342	1.009	2.360	1.67	0.712
0	1.293	1.009	2.442	1.72	0.707
10	1.247	1.009	2.512	1.77	0.705
20	1.205	1.013	2.593	1.81	0.703
30	1.165	1.013	2.675	1.86	0.701
40	1.128	1.013	2.756	1.91	0.699
50	1.093	1.017	2.826	1.96	0.698
60	1.060	1.017	2.896	2.01	0.696
70	1.029	1.017	2.966	2.06	0.694
80	1.000	1.022	3.047	2.11	0.692
90	0.972	1.022	3.128	2.15	0.690
100	0.946	1.022	3.210	2.19	0.688
120	0.898	1.026	3.338	2.29	0.686
140	0.854	1.026	3.489	2.37	0.684
160	0.815	1.026	3.640	2.45	0.682
180	0.779	1.034	3.780	2.53	0,681
200	0.746	1.034	3.931	2.60	0.680
250	0.674	1.043	4.268	2.74	0.677
300	0.615	1.043	4.605	2.97	0.674
350	0.566	1.055	4.908	3.14	0.676
400	0.524	1.068	5.210	3.31	0.678
500	0.456	1.072	5.745	3.62	0.687
600	0.404	1.089	6.222	3.91	0.699
700	0.362	1.102	6.711	4.18	0.706
800	0.329	1.114	7.176	4.43	0.713
900	0.301	1.127	7.630	4.67	0.717
1000	0.277	1.139	8.071	4.90	0.719
1100	0.257	1.152	8.502	5.12	0.722
1200	0.239	1.164	9.153	5.35	0.724

附录三 水的饱和蒸气压表（-20~100℃）

温度t /℃	压力p /Pa	温度t /℃	压力p /Pa	温度t /℃	压力p /Pa
−20	102.92	21	2486.42	62	21837.82
−19	113.32	22	2646.40	63	22851.05
−18	124.65	23	2809.05	64	23904.28
−17	136.92	24	2983.70	65	24997.50
−16	150.39	25	3167.68	66	26144.05
−15	165.05	26	3361.00	67	27330.60
−14	180.92	27	3564.98	68	28557.14
−13	198.11	28	3779.62	69	29823.68
−12	216.91	29	4004.93	70	31156.88
−11	237.31	30	4242.24	71	32516.75
−10	259.44	31	4492.88	72	33943.27
−9	283.31	32	4754.19	73	35423.12
−8	309.44	33	5030.16	74	36956.30
−7	337.57	34	5319.47	75	38542.81
−6	368.10	35	5623.44	76	40182.65
−5	401.03	36	5940.74	77	41875.81
−4	436.76	37	6275.37	78	43635.64
−3	475.42	38	6619.34	79	45462.12
−2	516.75	39	6691.30	80	47341.93
−1	562.08	40	7375.26	81	49288.40
0	610.47	41	7777.89	82	51314.87
1	657.27	42	8199.18	83	53407.99
2	705.26	43	8639.14	84	55567.78
3	758.59	44	9100.42	85	57807.55
4	813.25	45	9583.04	86	60113.99
5	871.91	46	10085.66	87	62220.44
6	934.57	47	10612.27	88	64940.17
7	1001.23	48	11160.22	89	67473.25
8	1073.23	49	11734.83	90	70099.66
9	1147.89	50	12333.43	91	72806.05
10	1227.88	51	12958.70	92	75592.44
11	1311.87	52	13611.97	93	78472.15
12	1402.53	53	14291.90	94	81445.19
13	1497.18	54	14998.50	95	84511.55
14	1598.51	55	15731.76	96	87671.23
15	1705.16	56	16505.02	97	90937.57
16	1817.15	57	17304.94	98	94297.24
17	1937.14	58	18144.85	99	97750.22
18	2063.79	59	19011.43	100	101325.00
19	2197.11	60	19910.00		
20	2338.43	61	20851.25		

附录四 饱和水蒸气表（按温度排列）

温度*t* /℃	绝压/kPa	蒸汽的比体积/(m^3/kg)	蒸汽的密度/(kg/m^3)	焓(液体)/(kJ/kg)	焓(蒸汽)/(kJ/kg)	汽化热/(kJ/kg)
0	0.6112	206.2	0.00485	—0.05	2500.5	2500.5
5	0.8725	147.1	0.00680	21.02	2509.7	2486.7
10	1.2228	106.3	0.00941	42.00	2518.9	2476.9
15	1.7053	77.9	0.01283	62.95	2528.1	2465.1
20	2.3339	57.8	0.01719	83.86	2537.2	2453.3
25	3.1687	43.36	0.02306	104.77	2546.3	2441.5
30	4.2451	32.90	0.03040	125.68	2555.4	2429.7
35	5.6263	25.22	0.03965	146.59	2564.4	2417.8
40	7.3811	19.53	0.05120	167.50	2573.4	2405.9
45	9.5897	15.26	0.06553	188.42	2582.3	2393.9
50	12.345	12.037	0.0831	209.33	2591.2	2381.9
55	15.745	9.572	0.1045	230.24	2600.0	2369.8
60	19.933	7.674	0.1303	251.15	2608.8	2357.6
65	25.024	6.199	0.1613	272.08	2617.5	2345.4
70	31.178	5.044	0.1983	293.01	2626.1	2333.1
75	38.565	4.133	0.2420	313.96	2634.6	2320.7
80	47.376	3.409	0.2933	334.93	2643.1	2308.1
85	57.818	2.829	0.3535	355.92	2651.4	2295.5
90	70.121	2.362	0.4234	376.94	2659.6	2282.7
95	84.533	1.983	0.5043	397.98	2667.7	2269.7
100	101.33	1.674	0.5974	419.06	2675.7	2256.6
105	120.79	1.420	0.7042	440.18	2683.6	2243.4
110	143.24	1.211	0.8258	461.33	2691.3	2229.3
115	169.02	1.037	0.9643	482.52	2698.8	2216.3
120	198.48	0.892	1.121	503.76	2706.2	2202.4
125	232.01	0.7709	1.297	525.04	2713.4	2188.3
130	270.02	0.6687	1.495	546.38	2720.4	2174.0
135	312.93	0.5823	1.717	567.77	2727.2	2159.4

续表

温度t /℃	绝压/kPa	蒸汽的比体积/(m^3/kg)	蒸汽的密度/(kg/m^3)	焓(液体)/(kJ/kg)	焓(蒸汽)/(kJ/kg)	汽化热/(kJ/kg)
140	361.19	0.5090	1.965	589.21	2733.8	2144.6
145	415.29	0.4464	2.240	610.71	2740.2	2129.5
150	475.71	0.3929	2.545	632.28	2746.4	2114.1
160	617.66	0.3071	3.256	675.62	2757.9	2082.3
170	791.47	0.2428	4.119	719.25	2768.4	2049.2
180	1001.9	0.1940	5.155	763.22	2777.7	2014.5
190	1254.2	0.1565	6.390	807.56	2785.8	1978.2
200	1553.7	0.1273	7.855	852.34	2792.5	1940.1
210	1906.2	0.1044	9.579	897.62	2797.7	1900.0
220	2317.8	0.0862	11.600	943.46	2801.2	1857.7
230	2795.1	0.07155	13.98	989.95	2803.0	1813.0
240	3344.6	0.05974	16.74	1037.2	2802.9	1766.1
250	3973.5	0.05011	19.96	1085.3	2800.7	1715.4
260	4689.2	0.04220	23.70	1134.3	2796.1	1661.8
270	5499.6	0.03564	28.06	1184.5	2789.1	1604.5
280	6412.7	0.03017	33.15	1236.0	2779.1	1543.1
290	7437.5	0.02557	39.11	1289.1	2765.8	1476.7
300	8583.1	0.02167	46.15	1344.0	2748.7	1404.7

附录五　饱和水蒸气表（按压力排列）

绝压/kPa	温度/℃	蒸汽的比体积/(m^3/kg)	蒸汽的密度/(kg/m^3)	焓（液体）/(kJ/kg)	焓（蒸汽）/(kJ/kg)	汽化热/(kJ/kg)
1.0	6.9	129.19	0.00774	29.21	2513.3	2484.1
1.5	13.0	87.96	0.01137	54.47	2524.4	2469.9
2.0	17.5	67.01	0.01492	73.58	2532.7	2459.1
2.5	21.1	54.25	0.01843	88.47	2539.2	2443.6
3.0	24.1	45.67	0.02190	101.07	2544.7	2437.6
3.5	26.7	39.47	0.02534	111.76	2549.3	2437.6
4.0	29.0	34.80	0.02814	121.30	2553.5	2432.2
4.5	31.2	31.14	0.03211	130.08	2557.3	2427.2
5.0	32.9	28.19	0.03547	137.72	2560.6	2422.8
6.0	36.2	23.74	0.04212	151.42	2566.5	2415.0
7.0	39.0	20.53	0.04871	163.31	2571.6	2408.3
8.0	41.5	18.10	0.05525	173.81	2576.1	2402.3
9.0	43.8	16.20	0.06173	183.36	2580.2	2396.8
10	45.8	14.67	0.06817	191.76	2583.7	2392.0
15	54.0	10.02	0.09980	225.93	2598.2	2372.3
20	60.1	7.65	0.13068	251.43	2608.9	2357.5
30	69.1	5.23	0.19120	289.26	2624.6	2335.3
40	75.9	3.99	0.25063	317.61	2636.1	2318.5
50	81.3	3.24	0.30864	340.55	2645.3	2304.8
60	85.9	2.73	0.36630	359.91	2653.0	2293.1
70	90.0	2.37	0.42229	376.75	2659.6	2282.8
80	93.5	2.09	0.47807	391.71	2665.3	2273.6
90	96.7	1.87	0.53384	405.20	2670.5	2265.3
100	99.6	1.70	0.58961	417.52	2675.1	2257.6
120	104.8	1.43	0.69868	439.37	2683.3	2243.9
140	109.3	1.24	0.80758	458.44	2690.2	2231.8
160	113.3	1.092	0.91575	475.42	2696.3	2220.9
180	116.9	0.978	1.0225	490.76	2701.7	2210.9
200	120.2	0.886	1.1287	504.78	2706.5	2201.7

续表

绝压/kPa	温度/℃	蒸汽的比体积/(m^3/kg)	蒸汽的密度/(kg/m^3)	焓（液体）/(kJ/kg)	焓（蒸汽）/(kJ/kg)	汽化热/(kJ/kg)
250	127.4	0.719	1.3904	535.47	2716.8	2181.4
300	133.6	0.606	1.6501	561.58	2725.3	2163.7
350	138.9	0.524	1.9074	584.45	2732.4	2147.9
400	143.7	0.463	2.1618	604.87	2738.5	2133.6
450	147.9	0.414	2.4152	623.38	2743.9	2120.5
500	151.9	0.375	2.6673	640.35	2748.6	2108.2
600	158.9	0.316	3.1686	670.67	2756.7	2086.0
700	165.0	0.273	3.6657	697.32	2763.3	2066.0
800	170.4	0.240	4.1614	721.20	2768.9	2047.7
900	175.4	0.215	4.6524	742.90	2773.6	2030.7
1.0×10^3	179.9	0.194	5.1432	762.84	2777.7	2014.8
1.1×10^3	184.1	0.177	5.6339	781.35	2781.2	1999.9
1.2×10^3	188.0	0.163	6.1350	789.64	2787.0	1985.7
1.3×10^3	191.6	0.151	6.6225	814.89	2787.0	1972.1
1.4×10^3	195.1	0.141	7.1038	830.24	2789.4	1959.1
1.5×10^3	198.3	0.132	7.5935	844.82	2791.5	1946.6
1.6×10^3	201.4	0.124	8.0814	858.69	2793.3	1934.6
1.7×10^3	204.3	0.117	8.5470	871.96	2794.9	1923.0
1.8×10^3	207.2	0.110	9.0533	884.67	2796.3	1911.7
1.9×10^3	209.8	0.105	9.5392	896.88	2797.6	1900.7
2.0×10^3	212.4	0.0996	10.0402	908.64	2798.7	1890.0
3.0×10^3	233.9	0.0667	14.9925	1008.2	2803.2	1794.9
4.0×10^3	250.4	0.0497	20.1207	1087.2	2800.5	1713.4
5.0×10^3	264.0	0.0394	25.3663	1154.2	2793.6	1639.5
6.0×10^3	275.6	0.0324	30.8494	1213.3	2783.8	1570.5
7.0×10^3	285.9	0.0274	36.4964	1266.9	2771.7	1504.8
8.0×10^3	295.0	0.0235	42.5532	1316.5	2757.7	1441.2
9.0×10^3	303.4	0.0205	48.8945	1363.1	2741.9	1378.9
1.0×10^4	311.0	0.0180	55.5407	1407.2	2724.5	1317.2
1.2×10^4	324.7	0.0143	69.9301	1490.7	2684.5	1193.8
1.4×10^4	336.7	0.0115	87.3020	1570.4	2637.1	1066.7
1.6×10^4	347.4	0.00931	107.4114	1649.4	2580.2	930.8
1.8×10^4	357.0	0.00750	133.3333	1732.0	2509.5	777.4
2.0×10^4	365.8	0.00587	170.3578	1827.2	2413.1	585.9

附录六　水的黏度表（0～100℃）

温度/℃	黏度/mPa·s	温度/℃	黏度/mPa·s	温度/℃	黏度/mPa·s	温度/℃	黏度/mPa·s
0	1.7921	25	0.8937	51	0.5404	77	0.3702
1	1.7313	26	0.8737	52	0.5315	78	0.3655
2	1.6728	27	0.8545	53	0.5229	79	0.3610
3	1.6191	28	0.8360	54	0.5146	80	0.3565
4	1.5674	29	0.8180	55	0.5064	81	0.3521
5	1.5188	30	0.8007	56	0.4985	82	0.3478
6	1.4728	31	0.7840	57	0.4907	83	0.3436
7	1.4284	32	0.7679	58	0.4832	84	0.3395
8	1.3860	33	0.7523	59	0.4759	85	0.3355
9	1.3462	34	0.7371	60	0.4688	86	0.3315
10	1.3077	35	0.7225	61	0.4618	87	0.3276
11	1.2713	36	0.7085	62	0.4550	88	0.3239
12	1.2363	37	0.6947	63	0.4483	89	0.3202
13	1.2028	38	0.6814	64	0.4418	90	0.3165
14	1.1709	39	0.6685	65	0.4355	91	0.3130
15	1.1404	40	0.6560	66	0.4293	92	0.3095
16	1.1111	41	0.6439	67	0.4233	93	0.3060
17	1.0828	42	0.6321	68	0.4174	94	0.3027
18	1.0599	43	0.6207	69	0.4117	95	0.2994
19	1.0299	44	0.6097	70	0.4061	96	0.2962
20	1.0050	45	0.5988	71	0.4006	97	0.2930
20.2	1.0000	46	0.5883	72	0.3952	98	0.2899
21	0.9810	47	0.5782	73	0.3900	99	0.2868
22	0.9579	48	0.5683	74	0.3849	100	0.2838
23	0.9359	49	0.5588	75	0.3799		
24	0.9142	50	0.5494	76	0.3750		

附录七　乙醇-水溶液相平衡数据（101.3kPa）

液相组成		气相组成		沸点/℃	液相组成		气相组成		沸点/℃
质量分数/%	摩尔分数/%	质量分数/%	摩尔分数/%		质量分数/%	摩尔分数/%	质量分数/%	摩尔分数/%	
0.01	0.004	0.13	0.053	99.9	23.00	10.48	67.3	44.61	86.2
0.10	0.040	1.30	0.51	99.8	24.00	11.00	68.0	45.41	85.95
0.15	0.055	1.95	0.77	99.7	25.00	11.53	68.6	46.08	85.7
0.20	0.08	2.6	1.03	99.6	26.00	12.08	69.3	46.90	85.4
0.30	0.12	3.8	1.57	99.5	27.00	12.64	69.8	47.49	85.2
0.40	0.16	4.9	1.98	99.4	28.00	13.19	70.3	48.08	85
0.50	0.19	6.1	2.48	99.3	29.00	13.77	70.8	48.68	84.8
0.60	0.23	7.1	2.90	99.2	30.00	14.35	71.3	49.30	84.7
0.70	0.27	8.1	3.33	99.1	31.00	14.95	71.7	49.77	84.5
0.80	0.31	9.0	3.725	99	32.00	15.55	72.1	50.27	84.3
0.90	0.35	9.9	4.12	98.9	33.00	16.15	72.5	50.78	84.2
1.00	0.39	10.1	4.20	98.75	34.00	16.77	72.9	51.27	83.85
2.00	0.75	19.7	8.76	97.65	35.00	17.41	73.8	51.67	83.75
3.00	1.19	27.2	12.75	96.65	36.00	18.03	73.5	52.04	83.7
4.00	1.61	33.3	16.34	95.8	37.00	18.68	73.8	52.43	83.5
5.00	2.01	37.0	18.68	94.95	38.00	19.37	74.0	52.68	83.4
6.00	2.43	41.0	21.45	94.15	39.00	20.00	74.3	53.09	83.3
7.00	2.86	44.6	23.96	93.35	40.00	20.68	74.6	53.46	83.1
8.00	3.29	47.6	26.21	92.6	41.00	21.38	74.8	53.76	82.95
9.00	3.73	50.0	28.12	91.9	42.00	22.07	75.1	54.12	82.78
10.00	4.16	52.2	29.92	91.3	43.00	22.78	75.4	54.54	82.65
11.00	4.61	54.1	31.56	90.8	44.00	23.51	75.6	54.80	82.5
12.00	5.07	55.8	33.06	90.5	45.00	24.25	75.9	55.22	82.45
13.00	5.51	57.4	34.51	89.7	46.00	25.00	76.1	55.48	82.35
14.00	5.98	58.8	35.83	89.2	47.00	25.75	76.3	55.74	82.3
15.00	6.46	60.0	36.98	89	48.00	26.53	76.5	56.03	82.15
16.00	6.86	61.1	38.06	88.3	49.00	27.32	76.8	56.44	82
17.00	7.41	62.2	39.16	87.9	50.00	28.12	77.0	56.71	81.9
18.00	7.95	63.2	40.18	87.7	51.00	28.93	77.3	57.12	81.8
19.00	8.41	64.3	41.27	87.4	52.00	29.80	77.5	57.41	81.7
20.00	8.92	65.0	42.09	87	53.00	30.61	77.7	57.70	81.6
21.00	9.42	65.8	42.94	86.7	54.00	31.47	78.0	58.11	81.5
22.00	9.93	66.6	43.82	86.4	55.00	32.34	78.2	58.39	81.4

续表

液相组成		气相组成		沸点/℃	液相组成		气相组成		沸点/℃
质量分数/%	摩尔分数/%	质量分数/%	摩尔分数/%		质量分数/%	摩尔分数/%	质量分数/%	摩尔分数/%	
56.00	33.24	78.5	58.78	81.3	77.00	56.71	84.5	68.07	79.7
57.00	34.16	78.7	59.10	81.25	78.00	58.11	84.9	68.76	79.65
58.00	35.09	79.0	59.50	81.2	79.00	59.55	85.4	69.59	79.55
59.00	36.02	79.2	59.84	81.1	80.00	61.02	85.8	70.29	79.5
60.00	36.98	79.5	60.29	81	81.00	62.52	86.0	70.63	79.4
61.00	37.97	79.7	60.58	80.95	82.00	64.05	86.7	71.86	79.3
62.00	38.95	80.0	61.02	80.85	83.00	65.64	87.2	72.71	79.2
63.00	40.00	80.3	61.44	80.75	84.00	67.27	87.7	73.61	79.1
64.00	41.02	80.5	61.61	80.65	85.00	68.92	88.3	74.69	78.95
65.00	42.09	80.8	62.22	80.6	86.00	70.63	88.9	75.82	78.85
66.00	43.17	81.0	62.52	80.5	87.00	72.36	89.5	76.93	78.75
67.00	44.27	81.3	62.99	80.45	88.00	74.15	90.1	78.00	78.65
68.00	45.41	81.6	63.43	80.4	89.00	75.99	90.7	79.26	78.6
69.00	46.55	81.9	63.91	80.3	90.00	77.88	91.3	80.42	78.5
70.00	47.74	82.1	64.21	80.2	91.00	79.82	92.0	81.83	78.4
71.00	48.92	82.4	64.70	80.1	92.00	81.83	92.7	83.26	78.3
72.00	50.16	82.8	65.34	80	93.00	83.87	93.5	84.91	78.27
73.00	51.39	83.1	65.81	79.95	94.00	85.97	94.2	86.4	78.2
74.00	52.68	83.4	66.28	79.85	95.00	88.13	95.1	88.13	78.18
75.00	54.00	83.8	66.92	79.75	95.57	89.41	95.6	89.41	78.15
76.00	55.34	84.1	67.42	79.72